ディジタル電子回路の基礎

堀 桂太郎 著

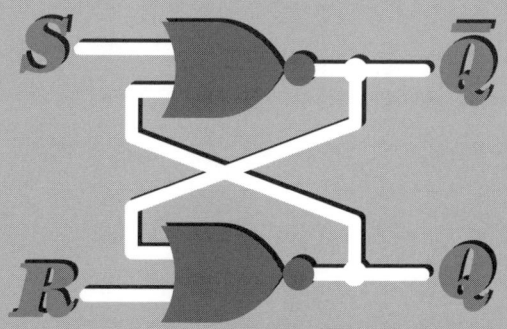

 東京電機大学出版局

まえがき

　本書は，これからディジタル電子回路を学ぼうとする高専や大学の学生の方々を対象にした解説書である．内容としては，2進数の基礎から始めて，組み合わせ回路や順序回路などを学んだ後，パルス回路やA-Dコンバータなどについても扱っている．

　著者が長年に亘ってディジタル回路の指導を行ってきた経験を活かして，初心者が理解しづらいと思われる箇所については，説明を省略せずに図を用いた丁寧な説明を心がけた．

　また，基礎知識の習得に加えて，自分で各種の回路設計ができる実力を身に付けられるよう考慮した．

　第14章では，設計演習として回路設計に関する課題を用意した．一見簡単に思える回路であっても，実際に製作して動作させてみると，さまざまな問題点が浮き彫りになることはめずらしくない．これらの問題点を解決していくことで，ディジタル電子回路の実践力が大いに身に付くはずである．読者の方々も，できるだけ実際に回路を製作して実験・考察を行っていただきたい．

　本書では，例えばオペアンプの動作原理などについては，詳しく説明していない．これらについては，姉妹書『アナログ電子回路の基礎』で扱っているので，併せてご愛読いただければ幸いである．

　セメスタ（学期）を意識して全14章としたが，数回の講義で1章分の内容を丁寧に学べば，通年講義の教科書としても使用できるよう配慮した．さらに，区切りよく学習を進められるように，各章を10ページで構成し，章の終わりには演習問題を設けた．

　本書が，ディジタル電子回路学習の一助になれば著者として望外の喜びである．また，著者のケアレスミスなどによる誤記もあろうが，読者のご批判，ご叱正をいただければ幸いである．

　本書を出版するにあたり，多大なご尽力をいただいた東京電機大学出版局の植村八潮氏，石沢岳彦氏にこの場を借りて厚く御礼申し上げる．

2003年9月

国立明石工業高等専門学校
電気情報工学科
堀　桂太郎

目　　次

第1章　2進法 ··· 1

　1.1　2進数の考え方 ································ 1
　1.2　16進数の考え方 ······························· 4
　1.3　16進数と2進数 ······························· 6
　1.4　補　数 ·· 6
　1.5　負の数の表現 ··································· 8
　1.6　2進化10進数 ··································· 9
　演習問題1 ·· 10

第2章　論理代数 ······································ 11

　2.1　論理演算の方法 ······························· 11
　2.2　ベン図の使い方 ······························· 12
　2.3　ブール代数の諸定理 ························· 14
　2.4　ゲート回路の考え方 ························· 17
　演習問題2 ·· 20

第3章　論理回路の設計 ····························· 21

　3.1　論理回路の設計手順 ························· 21
　3.2　加法標準形と乗法標準形 ··················· 22
　3.3　カルノー図の使い方 ························· 23
　3.4　クワイン・マクラスキー法 ················ 27
　演習問題3 ·· 30

第4章　ディジタルIC ……………………………………… 31

- 4.1　基本ゲート回路の構成 …………………………… 31
- 4.2　TTLとC-MOS ……………………………………… 33
- 4.3　ICの規格 …………………………………………… 36
- 演習問題4 ……………………………………………… 40

第5章　各種のディジタル回路 ………………………… 41

- 5.1　コンパレータ ……………………………………… 41
- 5.2　エンコーダ ………………………………………… 42
- 5.3　デコーダ …………………………………………… 45
- 5.4　マルチプレクサ …………………………………… 47
- 5.5　デマルチプレクサ ………………………………… 48
- 演習問題5 ……………………………………………… 50

第6章　演算回路 ………………………………………… 51

- 6.1　加算回路 …………………………………………… 51
- 6.2　減算回路 …………………………………………… 56
- 演習問題6 ……………………………………………… 60

第7章　フリップフロップ1 ……………………………… 61

- 7.1　フリップフロップとは …………………………… 61
- 7.2　RS-FF ……………………………………………… 62
- 7.3　非同期式順序回路と同期式順序回路 …………… 67
- 演習問題7 ……………………………………………… 70

第8章　フリップフロップ2 ……………………………… 71

- 8.1　JK-FF ……………………………………………… 71

8.2　D-FF ……………………………………………………… 74

　　　8.3　T-FF ………………………………………………………… 76

　　　8.4　FFの機能変換 ……………………………………………… 77

　　　8.5　シフトレジスタ …………………………………………… 78

　　　演習問題8 ……………………………………………………… 80

第9章　順序回路の表現 ……………………………………… 81

　　　9.1　順序回路の構成 …………………………………………… 81

　　　9.2　順序回路の表し方 ………………………………………… 82

　　　9.3　各種の順序回路 …………………………………………… 87

　　　演習問題9 ……………………………………………………… 90

第10章　非同期式カウンタ …………………………………… 91

　　　10.1　非同期式2^n進カウンタ ………………………………… 91

　　　10.2　アップカウンタとダウンカウンタ ……………………… 93

　　　10.3　非同期式n進カウンタ …………………………………… 94

　　　10.4　誤動作の例 ………………………………………………… 97

　　　演習問題10 ……………………………………………………… 100

第11章　同期式カウンタ ……………………………………… 101

　　　11.1　同期式カウンタの考え方 ………………………………… 101

　　　11.2　同期式2^n進カウンタ …………………………………… 102

　　　11.3　同期式n進カウンタ ……………………………………… 103

　　　11.4　リングカウンタ …………………………………………… 107

　　　11.5　ジョンソンカウンタ ……………………………………… 108

　　　演習問題11 ……………………………………………………… 110

第12章　パルス回路　……　111

12.1　パルス応答 …… 111
12.2　マルチバイブレータ …… 113
12.3　波形整形回路 …… 117
12.4　シュミットトリガ回路 …… 119
演習問題12 …… 120

第13章　アナログ-ディジタル変換　……　121

13.1　アナログ-ディジタル変換の基礎 …… 121
13.2　D-Aコンバータ …… 123
13.3　A-Dコンバータ …… 126
演習問題13 …… 130

第14章　設計演習　……　131

14.1　設計課題1「得点表示回路」 …… 131
14.2　設計課題2「電子サイコロ」 …… 134
演習問題14 …… 140

演習問題の解答 …… 141
参考文献 …… 160
索引 …… 161

第1章
2進法

私たちの日常生活では，10進数を基本とした数字を扱うが，ディジタル回路では，2進数を基本とする．2進数で扱う数字は，0と1の2種類のみであり，例えば，電圧のない状態を0，電圧のある状態を1と割り当ててデータを表現する．このようにすることで，エラーを起こしにくい信頼性の高いシステムを構成することが可能となる．この章では，10進数と2進数，さらに16進数でのデータの表現方法や計算方法などについて学ぼう．

1.1 2進数の考え方

10進数では，0，1，2，3，……，8，9と数えていったときに，9の次で桁上りをして10（ジュウ）となる．一方，**2進数**では，0，1，と数えていったときに，1の次で桁上りをして10となる．このときの10は，「ジュウ」ではなく「イチゼロ」と読む．表1.1に，10進数と2進数の対応を示す．

表1.1 10進数と2進数の対応

10進数	2進数	10進数	2進数
0	0000	6	0110
1	0001	7	0111
2	0010	8	1000
3	0011	9	1001
4	0100	10	1010
5	0101	11	1011

2進数は，10進数と区別するために**Binary**（2進数）の頭文字を使って，例えば1011Bまたは$(1011)_2$と表記する．

2進数の桁のことを，**ビット**〔**bit**〕というが，2進数nビットで表現できるデ

ータの数は，2^nで求めることができる．例えば，2進数3ビットでは$2^3 = 8$通りのデータが表現できる（表1.2）．

表1.2　2進数3ビットでの表現

2進数		
0	0	0
0	0	1
0	1	0
0	1	1
1	0	0
1	0	1
1	1	0
1	1	1

8通り

また，8ビットを1バイト〔B〕，2^{10}バイトを1キロバイト〔kB〕，2^{10}キロバイトを1メガバイト〔MB〕と呼ぶ．例えば，16MB = 16 × 2^{10} kB = 16384kB = 16384 × 2^{10}B = 16777216B = 16777216 × 8ビットとなる．

2進数における加減乗除の計算を確認しよう．

● 例題1.1

2進数の加減乗除

- 加算（＋）

    1001B＋1100B

    $$\begin{array}{r} 1001 \\ +)\underline{1100} \\ 10101 \end{array}$$

- 減算（－）

    1101B－1011B

    $$\begin{array}{r} 1101 \\ -)\underline{1011} \\ 0010 \end{array}$$

- 乗算（×）

    1001B×1100B

    $$\begin{array}{r} 1001 \\ \times)\underline{1100} \\ 1001 \\ \underline{1001} \\ 1101100 \end{array}$$

- 除算（÷）

    0100 B÷0010B

    $$\begin{array}{r} 10 \\ 0010\overline{)0100} \\ -)\underline{0010} \\ 00 \end{array}$$

次に，2進数と10進数の相互変換について説明する．

(1) 2進数 → 10進数

2進数を10進数に変換するには，各桁の**重み**を考える．例えば，10進数の512は，図1.1のように構成されていると考えられる．

つまり，0桁目から2桁目まで，それぞれ10^0，10^1，10^2の重みを各桁の数値（2,1,5）に乗じたものの和が512である．ここで，桁の重みを表す，例えば0桁目の10^0の10を**基数**と呼ぶ．

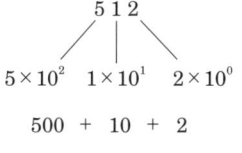

図1.1　10進数の512

2進数では，基数の値は2として考える．2進数から10進数への変換を例題で確認しよう．

● **例題 1.2**

$101011B$ → 10進数

$2^5 + 2^3 + 2^1 + 2^0 = 32 + 8 + 2 + 1 = 43$

2^5	2^4	2^3	2^2	2^1	2^0
1	0	1	0	1	1

(2) 10進数 → 2進数

10進数を2進数に変換するには，図1.2に示すように，10進数を2で次々に除算していく．そして，答が0になったら，除算の余りを後のほうから拾っていく．すると，その余りの数列が2進数に変換された値となる．

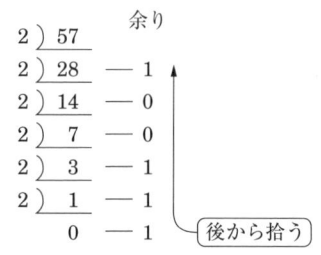

図1.2　2進数への基数変換

例えば，10進数の57は，2進数では111001Bとなる．

このように，異なった進数に変換することを，**基数変換**という．

(3) 小数部の基数変換

2進数の小数部を10進数に変換するには，図1.3に示すように，小数点以下第1位を2^{-1}とし，以下小数点以下第2位から順に2^{-2}，2^{-3}，……の重みを考える．

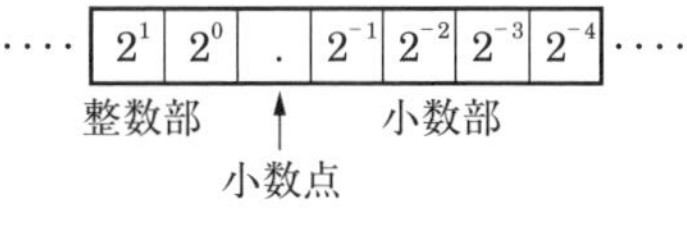

図1.3　2進数の小数部の重み

● 例題 1.3

0.0101B → 10進数

$2^{-2} + 2^{-4} = 0.25 + 0.0625 = 0.3125$

	2^{-1}	2^{-2}	2^{-3}	2^{-4}
0 .	0	1	0	1

また，10進数の小数部を2進数に変換するには，次の例題に示すように，10進数の小数部を2倍して整数部に桁上りを生じたら1を引く．そして，整数部への桁上がりの有無を2進数の小数部に1，0として反映させる．この操作を10進数が0になるか，または適当な桁の2進数が得られるまで続けていく．

● 例題 1.4

0.6875 → 2進数

10進数の0.6875は，0.1011Bとなる．

整数部への桁上り

```
0.6875 × 2 = 1.375    1.375 − 1 = 0.375
0.375  × 2 = 0.75     0.75  − 0 = 0.75
0.75   × 2 = 1.5      1.5   − 1 = 0.5
0.5    × 2 = 1.0      1.0   − 1 = 0
```

1.2　16進数の考え方

ディジタル回路では，2進数を基本としたデータ処理を行うが，"0"と"1"が連続したデータは人間にとってはとても扱いにくい．このため，2進数と相性のよい**16進数**がよく使用される．

16進数では，数字の0〜9に加え，アルファベットのA〜Fを使用して16種類の数字を表す．0，1，2，……，9，A，B，……，E，Fと数えていった場合，Fの次に桁上りをして，10（イチゼロ）となる．表1.3に，10進数と16進数の対応を示す．

表1.3 10進数と16進数の対応

10進数	16進数	10進数	16進数
0	0	9	9
1	1	10	A
2	2	11	B
3	3	12	C
4	4	13	D
5	5	14	E
6	6	15	F
7	7	16	10
8	8	17	11

16進数は，10進数などと区別するためにHexadecimal（16進数）の頭文字を使って，例えば3DHや3Dh，または$(3D)_{16}$と表記する．

16進数と10進数の基数変換について学習しよう．

(1) 16進数 → 10進数

16進数を10進数に変換する場合には，16進数の基数16を使って各桁の重みを考える．例題で確認しよう．

● 例題1.5 ─────

1DBH → 10進数

$1 \times 16^2 + D \times 16^1 + B \times 16^0 = 256 + 208 + 11 = 475$

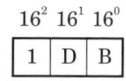

(2) 10進数 → 16進数

10進数を2進数に変換する場合には，10進数を次々と2で割っていったが，16進数に変換する場合には，16で割っていく．そして，除算の余り（0～F）を後から拾っていけばよい．

● 例題1.6 ─────

708 → 16進数

10進数の708は，16進数では2C4Hとなる．

```
16) 708    余り
 16)  44  ─ 4
  16)   2 ─ 12-C
        0 ─ 2
```
後から拾う

1.3 16進数と2進数

16進数の1桁は，2進数の4ビットで表現できる．したがって，16進数の1桁ごとに2進数4ビットの重みを考えれば，互いに基数変換をすることができる．図1.4に2進数4ビットの重みを示す．

2^3	2^2	2^1	2^0
8	4	2	1

図1.4　2進数4ビットの重み

(1) 16進数 → 2進数

16進数を2進数に変換する場合には，16進数を1桁ごとに，2進数4ビットに置き換えていく．

● 例題1.7

4ECH → 2進数

16進数の4ECHは，2進数では
10011101100Bとなる．

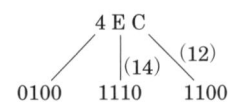

(2) 2進数 → 16進数

2進数を16進数に変換する場合には，2進数を下位ビットから4ビットごとに区切り，16進数1桁に置き換えていく．

● 例題1.8

1011101011B → 16進数

2進数の1011101011Bは，16進数では2EBHとなる．

```
10 1110 1011
 2   E    B
```

1.4 補　数

2進数では，「1の補数」と「2の補数」を扱う．

(1) 1の補数

例えば，4ビットの2進数 $B_3B_2B_1B_0$ を考えたとき，$B_3B_2B_1B_0 + X_3X_2X_1X_0 = 1111$ となるような $X_3X_2X_1X_0$ を**1の補数**という．1の補数は，$B_3B_2B_1B_0$ を否定す

れば求めることができる．否定とは，数値が0なら1へ，1なら0へ反転することである．

● 例題1.9
100101Bの1補数を求める
各ビットを反転した011010Bが答であり，100101 + 011010 = 111111 となる．

(2) 2の補数

例えば，4桁の2進数$B_3B_2B_1B_0$を考えたとき，$B_3B_2B_1B_0 + Y_3Y_2Y_1Y_0 = 10000$ となるような$Y_3Y_2Y_1Y_0$を**2の補数**という．2の補数は，$B_3B_2B_1B_0$を否定した結果に1を加算すれば求めることができる．つまり，2の補数は，1の補数に1を加算したものとなる．図1.5に，1の補数と2の補数を求める方法を示す．

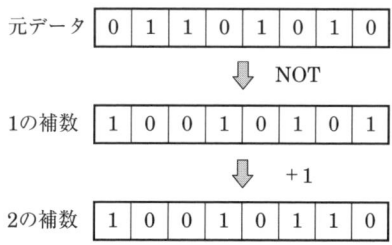

図1.5 補数の求め方

● 例題1.10
1011Bの2の補数を求める
0100（1の補数）+ 1 = 0101が答であり，1011 + 0101 = 10000 となる．

1.5 負の数の表現

　例えば，16ビットのデータ長で表現できるのは，$2^{16} = 65536$通りの情報である．これをそのまま正の数に割り当てると，0〜65535までの数を扱える．また，負の数も含めて割り当てると，−32768〜+32767までの数を扱える．正の数が+32768でないのは，0の割り当て分を含むためである．

　一方，コンピュータ内部では，"0"か"1"のデータしか扱えないので，−（マイナス）や+（プラス）といった記号を直接扱うことはできない．したがって，負の数を扱う場合には，何かしらの工夫が必要となる．ここでは，前に学んだ補数を使った負の数の表現方法について学ぼう．

　例えば，正の数の+101Bは，最上位ビットに"0"を付加して，0101Bと表現する．そして負の数の−101Bは，0101Bの2の補数1011Bを用いて表す．つまり，負の数は，その数の絶対値の2の補数を用いて表現するのである．表1.4に，この方法を用いた数値の対応を示す．

　正の数では2進数の最上位ビットが"0"であるが，負の数では最上位ビットが"1"になっていることに注目しよう．

表1.4 補数を使った数値表現

10進数	2進数	10進数	2進数
−8	1000	0	0000
−7	1001	+1	0001
−6	1010	+2	0010
−5	1011	+3	0011
−4	1100	+4	0100
−3	1101	+5	0101
−2	1110	+6	0110
−1	1111	+7	0111

● 例題1.11

1101B - 1010B（補数を使って計算する）

1101B - 1010B = 1101B +（- 1010B）と考える．そして，2の
補数を用いて1010Bの符号を変換すると0110Bとなる．つまり，
例題は次のような加算に書き換えることができる．

```
  1101
+)0110
1 0011
```

　　　1101B - 1010B → 1101B + 0110B

この加算結果の下位4ビット0011Bが答となる．

このように，補数を使うと，減算を加算として計算することができる．

1.6　2進化10進数

2進化10進数（**BCD**：binary coded decimal）は，10進数の各桁を2進数4ビットで表現する方法であり，10進数との基数変換が容易にできる．表1.5に10進数と2進化10進数の対応を示す．

表1.5　10進数と2進化10進数の対応

10進数	2進化10進数	10進数	2進化10進数
0	0000 0000	8	0000 1000
1	0000 0001	9	0000 1001
2	0000 0010	10	0001 0000
3	0000 0011	11	0001 0001
4	0000 0100	12	0001 0010
5	0000 0101	13	0001 0011
6	0000 0110	14	0001 0100
7	0000 0111	15	0001 0101

●演習問題1●

[1] 次の計算をしなさい．
　　① 110010B ＋ 11001110B
　　② 11001110B － 110010B
　　③ 10110B × 1011B
　　④ 111000B ÷ 100B

[2] 次の基数変換をしなさい．
　　① 865 → 2進数
　　② 101001001B → 10進数
　　③ 95423 → 16進数
　　④ DC54H → 10進数
　　⑤ 11001110B → 16進数
　　⑥ F3EH → 2進数
　　⑦ 43.8125 → 2進数
　　⑧ 11.10111B → 10進数

[3] 次の各問に答えなさい．
　　① 10110111Bについて，1の補数と2の補数を求めなさい．
　　② 110011B － 10111B を加算として計算しなさい．
　　③ －97を補数による2進数8ビット表現で示しなさい．
　　④ 57を2進化10進数（BCD）によって表示しなさい．

[4] 2進化10進数（BCD）の表示方法について，長所と短所を簡単に説明しなさい．

第2章 論理代数

論理学とは,ある事柄(論理学では命題という)が真(true)か,偽(false)かについて論じる学問である.例えば,命題「地球は,球体である」は真であるが,命題「すべての球体は,地球である」は偽である.論理学者で,かつ数学者だったイギリス人ジョージ・ブール(George Boole;1815-1864)は,論理学を数学的に解析しようと論理代数の理論(1847年)を考案した.この論理代数は,ブール代数(Boolean algebra)と呼ばれ,命題をA,B,Cなどの変数に,真と偽を1と0に置き換えて考える.ブール代数は,ディジタル回路の設計や解析にも有効であることから,今日でも広く使用されている.この章では,論理演算の方法やブール代数の諸定理について学ぼう.

2.1 論理演算の方法

論理演算では,表2.1に示す**論理積,論理和,論理否定**の3種が基本となる.この表では,入力をA, B,出力をFとした.すべての種類の入力に対応する出力を示した表を**真理値表**という.

表 2.1 基本的な論理演算

論理演算	論理積(AND)	論理和(OR)	論理否定(NOT)
論理式	$F = A \cdot B$	$F = A + B$	$F = \overline{A}$
真理値表	A B F 0 0 0 0 1 0 1 0 0 1 1 1	A B F 0 0 0 0 1 1 1 0 1 1 1 1	A F 0 1 1 0

論理和の入力が共に1である場合の論理演算は,算術演算とは異なり,1 + 1 = 1となることに注意しよう.また,論理積は**AND**(アンド),論理和は**OR**(オア),論理否定は**NOT**(ノット)とも呼ばれる.

AND, OR, NOTは，図2.1に示すようなスイッチ回路に例えることができる．例えば，AND回路では，2個のスイッチを同時にON (1) にした場合にのみ，電球が点灯 (1) する．OR回路では，少なくとも1個のスイッチをON (1) にすれば電球が点灯 (1) する．また，NOT回路では，スイッチをON (1) にすると回路が開くブレーク接点型のスイッチを考える．

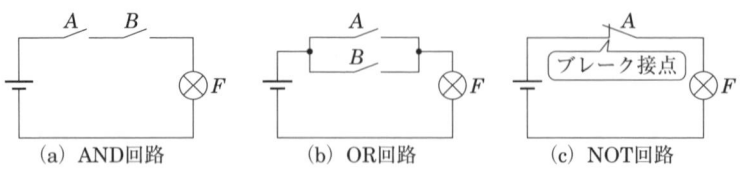

図2.1　スイッチ回路

表2.1のANDとORでは，2個の入力データを扱ったので，入力の組み合わせは，$2^2 = 4$通りとなったが，これ以上の数の入力データを考えることもできる．一方，NOTの場合には，いつも1入力，1出力となる．図2.2と表2.2に，3個の入力データを扱ったANDを示す．

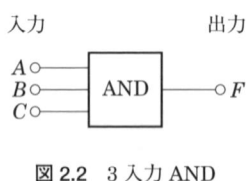

図2.2　3入力AND

表2.2　3入力ANDの真理値表

A	B	C	F
0	0	0	0
0	0	1	0
0	1	0	0
0	1	1	0
1	0	0	0
1	0	1	0
1	1	0	0
1	1	1	1

2.2　ベン図の使い方

ベン図 (Venn diagram) を用いると，論理式を視覚的に表現することができる．

(1) 1変数のベン図

図2.3に1変数のベン図を示す．図において，円の内側は，変数Aの領域を示

しており，図2.3(a)では $F = A$，図2.3(b)では $F = \overline{A}$ で示される領域を で表している．

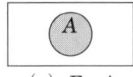
(a) $F = A$

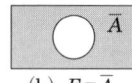
(b) $F = \overline{A}$

図2.3　1変数のベン図

(2) 2変数のベン図

2変数を扱うベン図では，図2.4のように，2つの円を用いて論理式の示す領域を表す．A と B の各領域が重なった部分（b）は A と B の AND，A と B の領域をすべて含む部分（e）は A と B のORを表している．

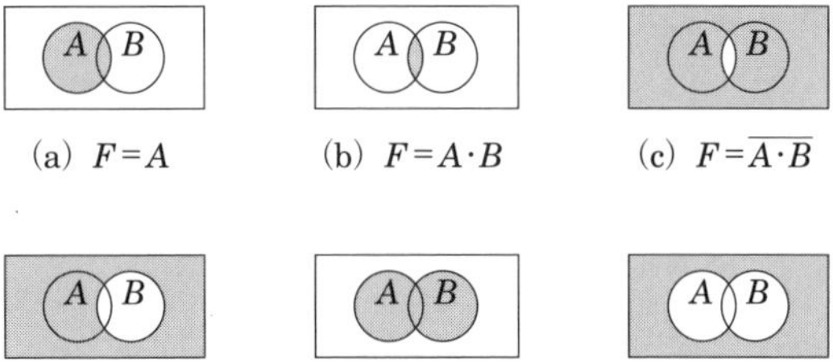

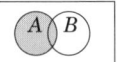
(a) $F = A$

(b) $F = A \cdot B$

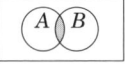
(c) $F = \overline{A \cdot B}$

(d) $F = \overline{B}$

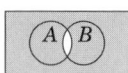
(e) $F = A + B$

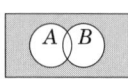
(f) $F = \overline{A + B}$

図2.4　2変数のベン図

● 例題2.1 ─────

図2.5の 部を表す論理式を答えなさい．

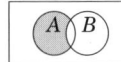

図2.5　例題2.1のベン図

《解答》　　$F = A \cdot \overline{B}$

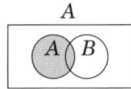 ·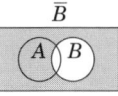

答

(3) 3変数のベン図

3変数を扱うベン図では，図2.6のように，3つの円を用いて論理式の示す領域を表す．

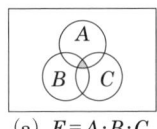
(a) $F = A \cdot B \cdot C$

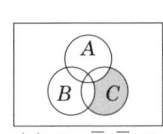
(b) $F = \overline{A} \cdot \overline{B} \cdot C$

図2.6　3変数のベン図

2.2 ベン図の使い方　13

2.3 ブール代数の諸定理

論理式を使った計算は，通常の**算術式**とは必ずしも一致しない．次の例題をみてみよう．

● 例題2.2 ─────

$A \cdot (A+B)$ を通常の算術式，および論理式と考えて展開しなさい．

与式を算術式と考えると，$A \cdot (A+B) = A^2 + A \cdot B$ となる．一方，論理式と考えると，$A \cdot (A+B) = A \cdot A + A \cdot B = A + A \cdot B = A \cdot (1+B) = A$ となる．

─────●

例題2.2では，$A \cdot A = A$，$(1+B) = 1$ という関係を使用した．このように，論理式に適応できる**ブール代数の諸定理**を表2.3に示す．論理式に，これらの諸定理を適用することで，算術式に比べて簡単化できる場合が多い．

例えば，公理のように，一方の式のORをAND演算にし，1と0を置き換えれば，他方の式が得られる性質を，**双対性**(そうついせい)という．これは，恒等の法則，同一の法則，補元の法則についても成立する．

表2.3 ブール代数の諸定理

名　称	公　式	名　称	公　式
公理	$1+A=1$ $0 \cdot A = 0$	交換の法則	$A+B=B+A$ $A \cdot B = B \cdot A$
恒等の法則	$0+A=A$ $1 \cdot A = A$	結合の法則	$A+(B+C)=(A+B)+C$ $A \cdot (B \cdot C) = (A \cdot B) \cdot C$
同一の法則	$A+A=A$ $A \cdot A = A$	分配の法則	$A \cdot (B+C) = A \cdot B + A \cdot C$ $A+B \cdot C = (A+B) \cdot (A+C)$
補元の法則	$A+\overline{A}=1$ $A \cdot \overline{A} = 0$	吸収の法則	$A \cdot (A+B) = A,\ A+A \cdot B = A$ $A+\overline{A} \cdot B = A+B,\ \overline{A}+A \cdot B = \overline{A}+B$
復元の法則	$\overline{\overline{A}} = A$	ド・モルガンの定理	$\overline{A+B} = \overline{A} \cdot \overline{B}$ $\overline{A \cdot B} = \overline{A} + \overline{B}$

表2.3に示した諸定理のいくつかを，真理値表やベン図を用いて証明してみよう．

● 例題2.3

真理値表を用いて，吸収の法則 $A \cdot (A+B) = A$ を証明しなさい．

与式についての真理値表を表2.4に示す．これより，$A \cdot (A+B)$ は，A と等しいことが証明できる．

表2.4 吸収の法則の真理値表

A	B	$A+B$	$A \cdot (A+B)$
0	0	0	0
0	1	1	0
1	0	1	1
1	1	1	1

← $A \cdot (A+B) = A$ となっている．

● 例題2.4

ベン図を用いて，ド・モルガンの定理を証明しなさい．

① $\overline{A+B} = \overline{A} \cdot \overline{B}$

② $\overline{A \cdot B} = \overline{A} + \overline{B}$

例題2.4からもわかるように，ド・モルガンの定理は，ANDとORについての相互変換に関する定理である．

次に，ブール代数の諸定理を使用して，論理式を簡単化する方法についてみてみよう．

● 例題2.5

$F = A \cdot B + A \cdot \overline{B} + \overline{A} \cdot B$ を簡単化しなさい．

$(A \cdot B) + (A \cdot B) = A \cdot B$ （同一の法則）より，

$$F = \left(A \cdot B + A \cdot \overline{B}\right) + \left(A \cdot B + \overline{A} \cdot B\right) = A \cdot \left(B + \overline{B}\right) + B \cdot \left(A + \overline{A}\right) = A + B$$

● 例題2.6

$F = (A + B) \cdot \left(\overline{A} + B\right) \cdot \left(A + \overline{B}\right)$ を簡単化しなさい．

$$F = \left(A \cdot \overline{A} + A \cdot B + \overline{A} \cdot B + B \cdot B\right) \cdot \left(A + \overline{B}\right)$$

ここで，$A \cdot \overline{A} = 0$ （補元の法則），$B \cdot B = B$ （同一の法則）より

$$F = \left(A \cdot B + \overline{A} \cdot B + B\right) \cdot \left(A + \overline{B}\right) = B \cdot \left(A + \overline{A} + 1\right) \cdot \left(A + \overline{B}\right)$$

ここで，$1 + A = 1$ （公理）より

$$F = B \cdot \left(A + \overline{B}\right) = A \cdot B + B \cdot \overline{B} = A \cdot B$$

● 例題2.7

$F = \overline{\overline{A} + \overline{B} + \overline{C}}$ を AND の形式に変形しなさい．

与式は，3変数のド・モルガンの定理であると考えることができる．

2変数のド・モルガンの定理より

$$F = \overline{\left(\overline{A} + \overline{B}\right)} \cdot \overline{\overline{C}}$$

$\overline{\overline{C}} = C$ （復元の法則）より

$$F = \overline{\left(\overline{A} + \overline{B}\right)} \cdot C = \overline{\overline{A}} \cdot \overline{\overline{B}} \cdot C \quad \text{（ド・モルガンの定理）}$$

$$F = A \cdot B \cdot C$$

2.4 ゲート回路の考え方

論理演算 AND, OR, NOT は, 表2.5 に示す**図記号**で表すことができる. 図記号は, 日本工業規格 JIS (Japanese industrial standards) で規定されているが, 一般には, アメリカの国防総省が制定した **MIL** (military specification standards) **記号**が使用されることが多い. したがって, 本書でも, MIL記号を使用する.

表 2.5 基本的な論理演算の図記号

論理演算	AND	OR	NOT
論理式	$F = A \cdot B$	$F = A + B$	$F = \overline{A}$
MIL記号	![AND MIL]	![OR MIL]	![NOT MIL]
JIS記号	![AND JIS &]	![OR JIS ≧]	![NOT JIS 1]

これらの論理素子は, **ゲート** (gate) と呼ばれ, 表2.5 に示したもの以外に, **否定論理積**(**NAND**:ナンド), **否定論理和**(**NOR**:ノア), **排他的論理和**(**EX-OR**:イクスクルーシブ・オア) などの種類がある.

NAND と NOR は, それぞれ AND または OR の出力を NOT したものである. 図2.7に, NAND と NOR の図記号と真理値表を示す.

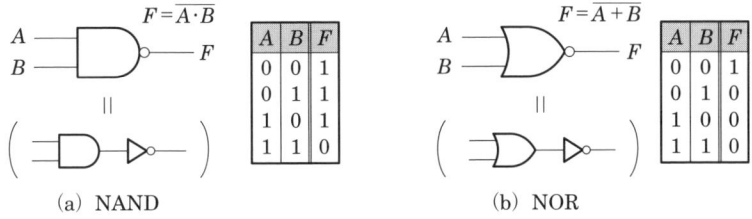

(a) NAND　　　　　　　　　(b) NOR

図 2.7 NAND と NOR

EX-OR は, 図2.8(a) に示す回路と同じ働きをする論理演算であり, 論理式では $\oplus$ を使って表す. 図2.8(b)(c)に, EX-OR の図記号と真理値表を示す.

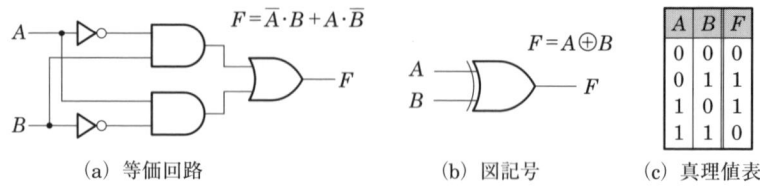

(a) 等価回路　　　　　　　　(b) 図記号　　　　　(c) 真理値表

図 2.8　EX-OR(exclusive-OR)

● 例題2.8 ─────────────────

図2.9に示す回路の真理値表を書きなさい．

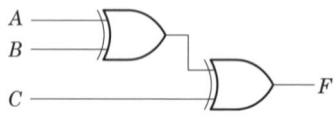

図 2.9　例題2.8の回路

《解答》

$F = A \oplus B \oplus C$

A	B	C	F
0	0	0	0
0	0	1	1
0	1	0	1
0	1	1	0
1	0	0	1
1	0	1	0
1	1	0	0
1	1	1	1

図2.9は，3入力のEX-ORと考えることができ，論理式は次のように導ける．ただし，ANDの演算記号（・）の記述は省略してある．

$$F = (\overline{\overline{A}B + A\overline{B}})C + (\overline{A}B + A\overline{B})\overline{C}$$
$$= (\overline{\overline{A}B} \cdot \overline{A\overline{B}})C + \overline{A}B\overline{C} + A\overline{B}\overline{C}$$
$$= (\overline{\overline{A}} + \overline{B})(\overline{A} + \overline{\overline{B}})C + \overline{A}B\overline{C} + A\overline{B}\overline{C}$$
$$= (A + \overline{B})(\overline{A} + B)C + \overline{A}B\overline{C} + A\overline{B}\overline{C}$$
$$= (A\overline{A} + AB + \overline{A}\overline{B} + B\overline{B})C + \overline{A}B\overline{C} + A\overline{B}\overline{C}$$
$$= ABC + \overline{A}\overline{B}C + \overline{A}B\overline{C} + A\overline{B}\overline{C}$$

この他，図2.10(a)に示すEX-NOR（イクスクルーシブ・ノア）や，図2.10(b)に示すバッファなどのゲートがある．バッファゲートは，論理的には何もし

ないが，電流容量の拡大などの用途に使用される．

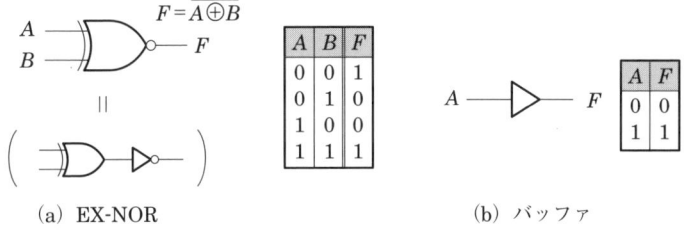

(a) EX-NOR　　　　　　　　(b) バッファ

図 2.10　EX-NORとバッファ (buffer)

ゲートを用いた回路図では，ゲートに接するNOTを単なる○として簡略表示することができる（図2.11）．また，多入力のゲートの表示例を図2.12に示す．

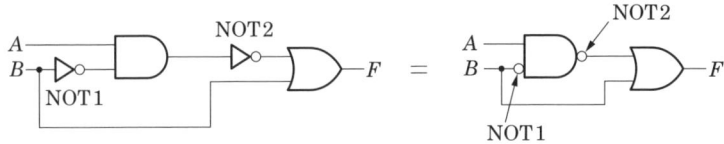

図 2.11　NOTの簡略表示例

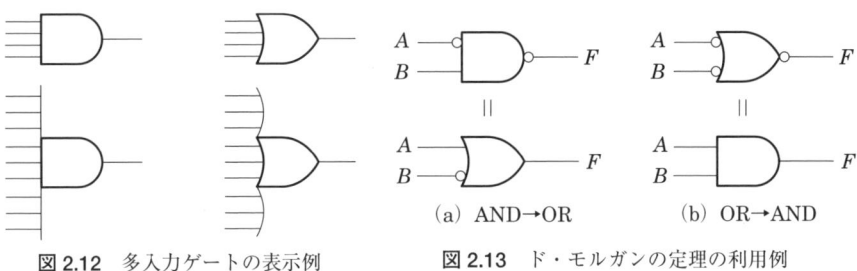

図 2.12　多入力ゲートの表示例　　図 2.13　ド・モルガンの定理の利用例

ド・モルガンの定理は，ANDとORの相互変換に関する定理であることを前に学んだ（本章の15ページ参照）．このことを用いると，ゲートの図記号を用いて，ANDからOR，またはORからANDへの変換を簡単に行うことができる．つまり，ANDまたはORゲートの入出力の信号すべてをNOTすることによって，ゲートの変換を行うことができるのである．図2.13に変換例を示すので，論理式や真理値表などを用いて論理が等価であることを確認しよう．

2.4 ゲート回路の考え方　　19

●演習問題2●

[1] 3入力ORの真理値表を書きなさい．
[2] 次に示すベン図の  領域を論理式で示しなさい．

①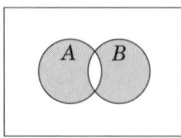

②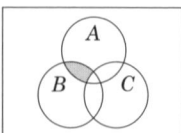

[3] ベン図を用いて，吸収の法則 $A + \overline{A} \cdot B = A + B$ を証明しなさい．
[4] 次の論理式を簡単化しなさい．
 ① $F = A + \overline{A + \overline{B}}$
 ② $F = (A + \overline{B} + C)(A + B + \overline{C})$
 ③ $F = (A + B + C)(\overline{A} + B + C)(A + \overline{B} + C)(A + B + \overline{C})$

[5] 次の論理式をORの形式に変形しなさい．
$$F = \overline{\overline{A} \cdot \overline{B} \cdot \overline{C}}$$

[6] 次に示す回路の論理式を求めなさい．

①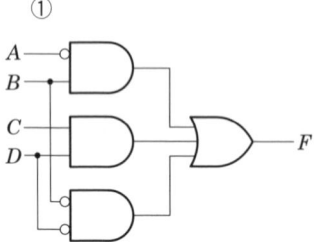

②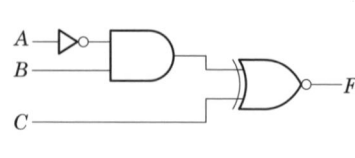

[7] 次に示す回路において，ANDゲートをORゲートに変換しなさい．

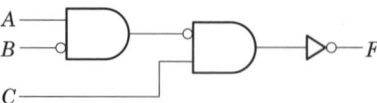

[8] 3入力のEX-ORを表す論理式をベン図で示しなさい．
[9] 論理式における双対性について簡単に説明しなさい．

第3章 論理回路の設計

論理的には同じ動作をする論理回路であっても，その構成法はただ1つとは限らない．したがって，より簡単な回路を構成することができれば，安価かつトラブルは少なくなる．論理式を簡単化する方法としては，カルノー図やクワイン・マクラスキー法などがよく使用される．この章では，これらの手法を用いて，真理値表から適切な論理回路を設計する方法を学ぼう．

3.1 論理回路の設計手順

図3.1に，論理回路を設計する場合の一般的な流れを示す．

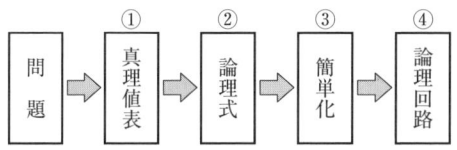

図 3.1　論理回路設計の流れ

① 真理値表：対象となる問題の論理を考えて真理値表を作成する．
② 論 理 式：真理値表から論理式を求める．
③ 簡 単 化：論理式を，ブール代数の諸定理やカルノー図，クワイン・マクラスキー法などを用いて簡単化する．
④ 論理回路：簡単化した論理式から論理回路を得る．ここでいう論理回路とは，例えばANDやORなどのゲートを用いて構成した回路を指す．

ここでは，①真理値表の作成について考えよう．例えば，3人の審査員のうち，2人以上が「可」と判定することが合格の条件である面接試験があるとする．こ

の場合，3人の審査員A,B,Cの判定を可 $= 1$，不可 $= 0$ とし，受験者Fの審査結果を合格 $= 1$，不合格 $= 0$ に割り当てると，この問題の真理値表は表3.1に示すようになる．

このように，対象とする問題から真理値表を作成すれば，論理回路の動作条件を明確にすることができる．

次に，②論理式から④論理回路を得るまで順を追って説明する．

表3.1 面接試験の真理値表

A	B	C	F
0	0	0	0
0	0	1	0
0	1	0	0
0	1	1	1
1	0	0	0
1	0	1	1
1	1	0	1
1	1	1	1

3.2 加法標準形と乗法標準形

ここでは，図3.1に示した②論理式を求める方法について学ぼう．真理値表から求めることのできる論理式には，加法標準形と乗法標準形の2種類がある．例えば，表3.1の真理値表を例にして考えよう．入力A,B,Cの各値が0を論理否定，1を論理肯定と見立てて，出力Fが1のときに論理積の項を書き出す．また，入力A,B,Cの各値が0を論理肯定，1を論理否定と見立てて，出力Fが0のときに論理和の

表3.2 論理積と論理和の項を求める

A	B	C	F	論理積	論理和
0	0	0	0		$A+B+C$
0	0	1	0		$A+B+\overline{C}$
0	1	0	0		$A+\overline{B}+C$
0	1	1	1	$\overline{A}\cdot B\cdot C$	
1	0	0	0		$\overline{A}+B+C$
1	0	1	1	$A\cdot \overline{B}\cdot C$	
1	1	0	1	$A\cdot B\cdot \overline{C}$	
1	1	1	1	$A\cdot B\cdot C$	

項を書き出すと表3.2のようになる．ここで得られたすべての論理積の項を論理和によって結合した式を**加法標準形**という．また，得られたすべての論理和の項を論理積によって結合した式を**乗法標準形**という．本書では，表3.2に示しているように，論理積または論理和の各項にすべての変数を含んでいる式を加法標準形または乗法標準形と呼ぶことにする．

- 加法標準形

$$F = \overline{A}\cdot B\cdot C + A\cdot \overline{B}\cdot C + A\cdot B\cdot \overline{C} + A\cdot B\cdot C$$

● 乗法標準形
$$F = (A+B+C)\cdot(A+B+\overline{C})\cdot(A+\overline{B}+C)\cdot(\overline{A}+B+C)$$

上の2式は，どちらも表3.1の真理値表を論理式で表したものである．ただし，次に説明するカルノー図やクワイン・マクラスキー法などは，加法標準形のような積和形の論理式を対象とした手法である．したがって，必要に応じて論理式の変形を行う．

● 例題 3.1 ─────────

次の論理式を加法標準形に変形しなさい．

$$F = (A+B)C$$

《解答》　$F = AC + BC = AC(B+\overline{B}) + BC(A+\overline{A})$

$= ABC + A\overline{B}C + ABC + \overline{A}BC$

$= ABC + A\overline{B}C + \overline{A}BC$

───────────────●

論理式を乗法標準形から加法標準形，またはその逆に変形したい場合には，真理値表を作成して用いればよい．

3.3　カルノー図の使い方

真理値表から求めた論理式は，簡単化できる可能性がある．ここでは，図3.1に示した③簡単化の方法として，**カルノー図**（Karnaugh map）について理解しよう．

図3.2に，2変数のカルノー図を示す．図3.2(a)では行と列のタイトル表示に変数名を，図3.2(b)では0（論理否定），1（論理肯定）を用いている．

また，表中には対応する論理式

	$\overline{B}$	B
$\overline{A}$	$\overline{A}\cdot\overline{B}$	$\overline{A}\cdot B$
A	$A\cdot\overline{B}$	$A\cdot B$

(a) 変数名使用

B\A	0	1
0	$\overline{A}\cdot\overline{B}$	$\overline{A}\cdot B$
1	$A\cdot\overline{B}$	$A\cdot B$

(b) 0, 1 使用

図 3.2　2 変数のカルノー図

を示している．カルノー図では，論理式と対応する領域に1を書き込み，縦か横に隣接する1をループで囲む．

図3.3は，論理式とそれに対応するカルノー図の領域を ▇ で示した例である．本書では，図3.2(b)の形式を用いることにする．図3.3のように，ループで囲まれたすべての領域はOR，ループの重なり合う領域はANDと考える．

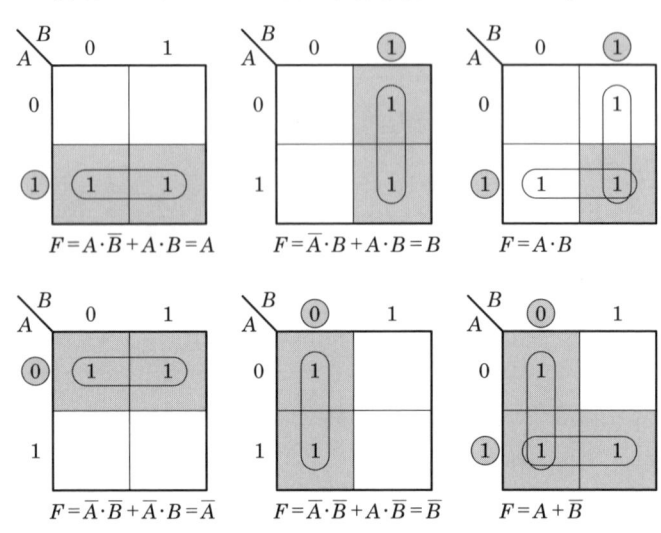

図 3.3　論理式と2変数のカルノー図の対応例

図3.4(a)に3変数のカルノー図を示す．3変数のカルノー図では，図3.4(b)に示すように，$\overline{B}$ の領域は表の1行目と4行目に分かれているが，これらの行は隣接しているものとして扱う．

このようにするために，表の左に示してある変数A, Bを表す数字は，1ずつ増加した値とはなっていない点に注意しよう．

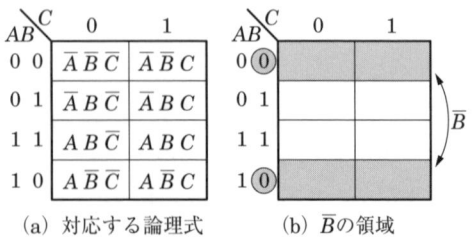

(a) 対応する論理式　　(b) $\overline{B}$の領域

図 3.4　3変数のカルノー図

図3.5は，論理式とそれに対応する3変数のカルノー図の領域を ▨ で示した例である．

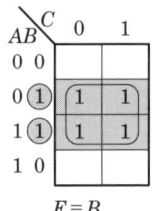
$F = B$

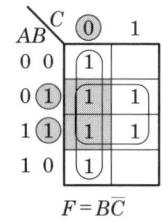
$F = B\overline{C}$

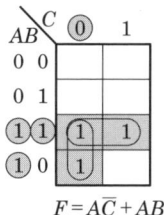
$F = A\overline{C} + AB$

図 3.5　論理式と3変数のカルノー図の対応例

● 例題 3.2 ─────

表3.2から得られた加法標準形の論理式

$$F = \overline{A}BC + A\overline{B}C + AB\overline{C} + ABC$$

をカルノー図によって簡単化しなさい．

図3.6に示すように，与えられた論理式と対応するカルノー図の領域に1を記入する．そして，隣接する1をループで囲み，カルノー図の領域を読み取っていくと，与式は次のように簡単化することができる．

$$F = AB + BC + AC$$

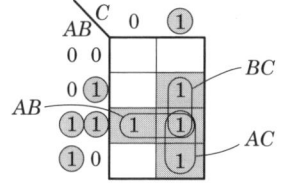

図 3.6　面接試験のカルノー図

● 例題 3.3 ─────

例題3.2で得られた論理式を論理回路で表しなさい．

図3.1に示した④論理回路への変換を行う過程である．簡単化した論理式を論理回路に置き換えると，図3.7に示すようになる．この回路は，多数決回路と呼ばれる．設計した回路が正しいかどうかは，回路から求

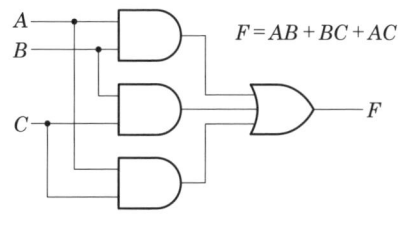

図 3.7　多数決回路

めた真理値表と元の真理値表(表3.1)と比較すれば確認できる．

なお,「論理回路」と「ディジタル回路」は同じ意味で使用されるため,本書でも両者の区別は行っていない．

4変数のカルノー図を図3.8に示すが,図3.4(b)と同様に隣接する領域を考えて使用することに注意しよう．

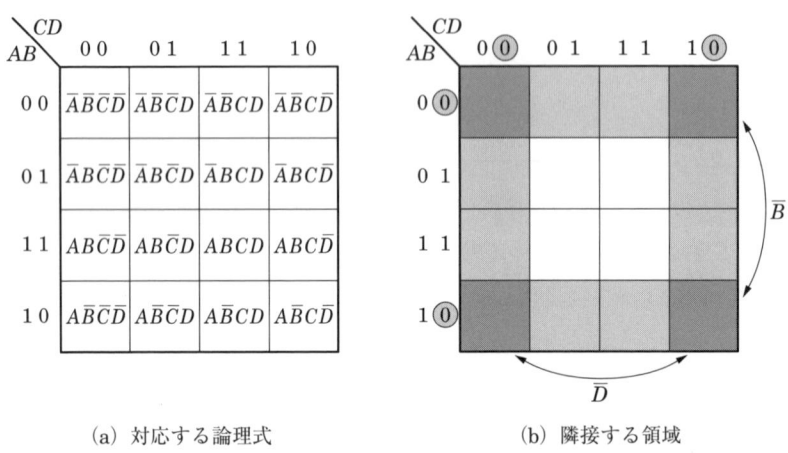

図 3.8　4 変数のカルノー図

5変数以上では,4変数のカルノー図を基本とする．図3.9に,6変数のカルノー図を示す．もし5変数ならば,図3.9に示したカルノー図の半面（4変数のカルノー図2枚）を使用すればよい．

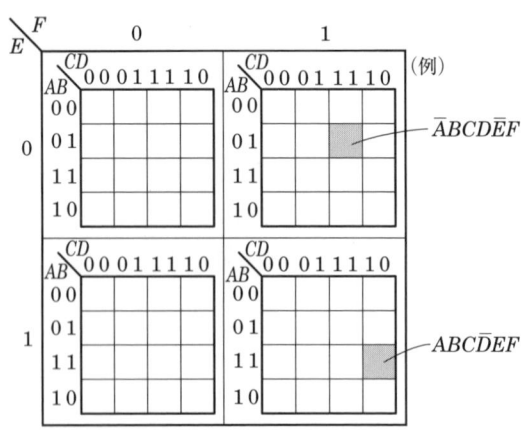

図 3.9　6 変数のカルノー図

3.4 クワイン・マクラスキー法

多変数を扱う場合には，クワイン・マクラスキー法（Quine‐McCluskey's method）を使用するとよい．クワイン・マクラスキー法は，人にとっては少々面倒な作業が必要であるが，単純な操作を繰り返すことで論理式の簡単化が行えるので，コンピュータで実行させるのに適した手法である．

例として，次式をクワイン・マクラスキー法により簡単化する手順を説明する．

$$F = \overline{A}\overline{B}\overline{C}\overline{D} + \overline{A}\overline{B}C\overline{D} + \overline{A}B\overline{C}\overline{D} + \overline{A}BC\overline{D} + A\overline{B}C\overline{D}$$

(1) クワイン・マクラスキー法の手順

① 表3.3示すように，与式の最小項をNOTの数が多い順に並べる．
② 最小項を上から順に取り出し，NOTの数が1つだけ違う最小項すべてに対して総当たりで，$A + \overline{A} = 1$ の関係（補元の法則）を使用して簡単化できるかどうか調べる．表3.3の例では1行目の $\overline{A}\overline{B}\overline{C}\overline{D}$ と，2行目の $\overline{A}\overline{B}C\overline{D}$ において，$\overline{A}\overline{B}\overline{C}\overline{D} + \overline{A}\overline{B}C\overline{D} = \overline{A}\overline{B}\overline{D}(\overline{C} + C) = \overline{A}\overline{B}\overline{D}$ と簡単化できる．
③ 簡単化できた場合には，双方の最小項のチェック欄Xに〇を付ける．
④ すべての最小項についての検査を終了したら，簡単化された項について再び①から③の操作を行う（表3.4）．この操作は，簡単化できる最小項の組み合わせがなくなるまで繰り返す．

表3.4において，簡単化された項およびチェック欄Xに〇の付いていない最小

表3.3 簡単化の手順1

NOTの数	X	最小項	簡単化1
3	〇	$\overline{A}\overline{B}\overline{C}\overline{D}$	$\overline{A}\overline{B}\overline{D}$
2	〇	$\overline{A}\overline{B}C\overline{D}$	$\overline{A}C\overline{D}$
2	〇	$\overline{A}B\overline{C}\overline{D}$	$\overline{B}C\overline{D}$
2	〇	$\overline{A}B\overline{C}\overline{D}$	$\overline{A}C\overline{D}$
2	〇	$\overline{A}BC\overline{D}$	$\overline{A}B\overline{D}$
1	〇	$A\overline{B}C\overline{D}$	✓

✓：簡単化不可能

表3.4 簡単化の手順2

NOTの数	X	最小項	簡単化2
2	〇	$\overline{A}\overline{B}\overline{D}$	✓
2	〇	$\overline{A}C\overline{D}$	$A\overline{D}$
2	〇	$\overline{B}C\overline{D}$	$A\overline{D}$
1	〇	$\overline{A}C\overline{D}$	✓
1	〇	$\overline{A}B\overline{D}$	✓

✓：簡単化不可能

項は他の項では表されなかったもので**主項**という．
⑤ 主項をORしたものが，与式を簡単化した結果となる．

したがって，$F = \overline{A}D + \overline{BCD}$ が簡単化後の論理式である．

この例では，最も簡単化された論理式を求めることができたが，いつもそうなるとは限らない．次に，さらに簡単化を行うことのできる例を示す．

次式を例にして簡単化の手順を説明する．

$$F = ABCD + \overline{A}BCD + AB\overline{C}D + AB\overline{CD} + A\overline{BCD} + \overline{A}BC\overline{D} \quad \cdots\cdots (3.1)$$

上記①から⑤の操作を行うと，表3.5，表3.6のようになる．表3.6では，簡単化できる最小項の組み合わせがないことを示している．したがって，主項のORをとった，

$$F = A\overline{CD} + \overline{A}CD + AB\overline{C} + ABD + BCD \quad \cdots\cdots\cdots\cdots\cdots\cdots (3.2)$$

が簡単化した後の論理式ということになる．しかし，式(3.2)の第3項は，

$$AB\overline{C} = AB\overline{C}(D + \overline{D}) = AB\overline{C}D + AB\overline{CD} \quad \cdots\cdots\cdots\cdots\cdots\cdots (3.3)$$

のようになり，式(3.3)の第1項と第2項は，それぞれABDと$A\overline{CD}$の元となっている最小項に含まれるために，省略できる可能性がある．

表3.5 簡単化の手順1

NOTの数	X	最小項	簡単化
3	○	$\overline{A}BCD$	✓
2		$\overline{A}BCD$	$\overline{A}CD$ ✓
		$A\overline{B}CD$	$\overline{A}CD$
1		$AB\overline{C}D$	$AB\overline{C}$
		$\overline{A}BCD$	ABD
0	○	$ABCD$	BCD

✓：簡単化不可能

表3.6 簡単化の手順2

NOTの数	X	最小項	簡単化
2		$A\overline{CD}$	✓
1		$\overline{A}CD$	✓
		$AB\overline{C}$	✓
0		ABD	✓
		BCD	✓

✓：簡単化不可能

このため，式(3.2)がさらに簡単化できないかどうか検査する．表3.7は，縦に主項，横に最小項を並べ，対応する箇所にチェック✓を付けたものである．例えば，主項 $A\overline{CD}$ は，最小項 $A\overline{BCD}$ と $AB\overline{CD}$ の組み合わせから簡単化されたことを示している．

表3.7において，チェックの付いた最小項をすべて含むように，より簡単な主

表3.7 主項−最小項の対応

主項＼最小項	$A\overline{B}\overline{C}D$	$\overline{A}\overline{B}CD$	$AB\overline{C}\overline{D}$	$AB\overline{C}D$	$\overline{A}BCD$	$ABCD$
$A\overline{C}D$	✓		✓			
$\overline{A}CD$		✓			✓	
$AB\overline{C}$			✓	✓		
ABD				✓		✓
BCD					✓	✓

項の組み合わせを見つけることが，式(3.2)をさらに簡単化することと等価である．以下，その方法を説明する．

(2) 主項−最小項の対応表を用いた簡単化の手順

① 表3.7において，最小項の列で1つだけしかチェックのないものがあれば，チェックに対応する主項は，必ず必要とされるものであり省略できない．

表3.7の例では，主項 $A\overline{C}D$ と $\overline{A}CD$ がこれにあたる．

② 主項 $AB\overline{C}$ の元となった最小項 $AB\overline{C}\overline{D}$ は主項 $A\overline{C}D$ に，もう1つの最小項 $AB\overline{C}D$ は，主項 ABD に含まれている．したがって，主項 $A\overline{C}D$ と ABD を採用することで主項 $AB\overline{C}$ は省略することができる．

③ 主項 BCD の元となった最小項 $\overline{A}BCD$ は主項 $\overline{A}CD$ に，もう1つの最小項 $ABCD$ は，主項 ABD に含まれている．したがって，主項 $\overline{A}CD$ と ABD を採用することで主項 BCD は省略することができる．

したがって，式(3.2)は，式(3.4)のように簡単化することができた．

$$F = A\overline{C}D + \overline{A}CD + ABD \quad \cdots\cdots(3.4)$$

もし，主項−最小項の対応表において，チェックが1つだけの最小項の列が存在しない場合には，適当な主項に注目して最小となる組み合わせを探せばよい．

念のため，式(3.1)に対応する4変数のカルノー図を図3.10に示す．このカルノー図を読み取れば，式(3.4)と一致する．

式(3.1)と式(3.4)に対応する論理回路の複雑さの違いは明らかであろう．

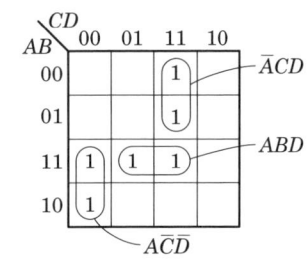

図3.10 式(3.1)に対応するカルノー図

3.4 クワイン・マクラスキー法

●演習問題3●

[1] 表3.8に示す真理値表について答えなさい．
　① 乗法標準形の論理式を求めなさい．
　② 加法標準形の論理式を求めなさい．
　③ 求めた加法標準形の論理式を簡単化しなさい．
　④ 簡単化した論理式から論理回路を描きなさい．

表3.8 真理値表

A	B	C	F
0	0	0	0
0	0	1	0
0	1	0	1
0	1	1	1
1	0	0	1
1	0	1	0
1	1	0	1
1	1	1	1

[2] 図3.11に示すカルノー図を読み取り，論理式を答えなさい．

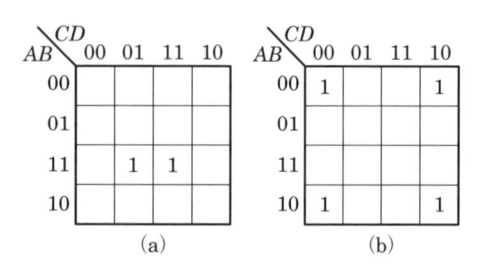

図3.11 カルノー図

[3] 次の論理式を加法標準形に変形しなさい．
　① $F = AB + A\overline{BC} + B(A+C)$
　② $F = (A+B+C)(A+\overline{B}+C)(A+B+\overline{C})(\overline{A}+\overline{B}+C)$

[4] 次の論理式を乗法標準形に変形しなさい．
　　$F = ABC + A\overline{B}C + \overline{A}B\overline{C} + A\overline{B}\overline{C}$

[5] 次の論理式をカルノー図によって簡単化しなさい．
　① $F = A\overline{B}C + \overline{A}\overline{B}C + \overline{A}BC + ABC$
　② $F = \overline{A}B + A\overline{B}$

[6] 次の論理式をクワイン・マクラスキー法によって簡単化しなさい．
　　$F = \overline{A}\overline{B}\overline{C}D + A\overline{B}\overline{C}D + \overline{A}BCD + AB\overline{C}D + \overline{A}BCD$

第4章
ディジタルIC

　前の章では，論理回路の設計方法について学んだが，設計した回路を実際に製作する場合には，ディジタルICを使用することになる．また，ディジタル回路の学習においては，実際に回路を製作し動作を確認しながら進むことで理解を大いに深めることができる．さらに，本を読んだだけでは，うっかりと見過ごしてしまうような問題点が浮き彫りになることもあろう．したがって，一見簡単だと思われるような回路であっても，可能な限り実験で検証するとよい．本章では，実際にディジタルICを使用する場合に必要となる基礎項目について理解しよう．

4.1 基本ゲート回路の構成

　実際の論理回路を考える場合には，論理信号の「0」，「1」を，電圧の差で区別する．例えば，論理回路を5Vの電圧で動作させている場合，論理信号「0」を0V（アース電位），論理信号「1」を5Vに割り当てる方法を**正論理**，その逆に割り当てる方法を**負論理**と呼ぶ．本書では，原則として正論理を用いることにする．正論理では，「0」を「L（low）」，「1」を「H（high）」と表すこともある．

　基本ゲートであるAND，OR，NOTを実際に構成する回路を考えよう．図4.1にダイオードを使用したAND回路とOR回路を示す．図中のV_{CC}とは，電源電圧（論理記号「1」）である．

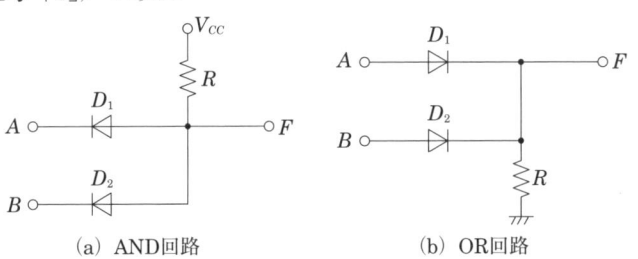

(a) AND回路　　　(b) OR回路

図4.1　ダイオードを用いたゲート回路

図4.1(a)のAND回路では，入力端子A，Bの少なくとも一方が「0」の場合には，対応するダイオードが導通するために，V_{CC}は抵抗RとD_1，D_2を通じて接地され，出力Fには電圧が現れず「0」となる．しかし，入力A,Bの両方が「1」の場合には，2個のダイオードが非導通となるために出力Fには「1」が現れる．

図4.1(b)のOR回路では，入力端子A，Bの少なくとも一方が「1」の場合には，対応するダイオードが導通し，出力Fに「1」が現れる．しかし，入力A,Bの両方が「0」の場合には，2個のダイオードが非導通となり，出力FはRを通じて接地されるため「0」となる．

NOT回路は，ダイオードを用いて構成することができないので，トランジスタを使用する．図4.2は，トランジスタのI_B（ベース電流）－I_C（コレクタ電流）特性の一例である．I_Bを0から増加していった場合，60μA程度まではI_BとI_Cは比例するが，I_Bをそれ以上増加してもI_Cは増加せずに飽和している．一般の増幅回路では，比例領域で

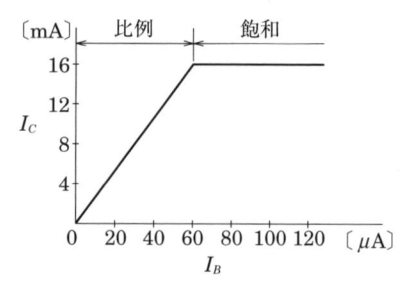

図4.2 トランジスタのI_B-I_C特性例

トランジスタを動作させる．一方，飽和領域では，I_Bを流すか否かで，一定量のI_Cを制御することができる．すなわち，トランジスタをスイッチのように使用することが可能となる．これを，**トランジスタスイッチ**と呼ぶ．

図4.3に，トランジスタを使用したNOT回路を示す．この回路では，入力Aに「1」を加えると，トランジスタのベースに電流が流れ，コレクタ－エミッタ間にも電流が流れる（トランジスタON）ため，出力Fは接地され「0」となる．また，入力Aを「0」とすると，コレクタ－エミッタ間には電流が流れず（トランジスタOFF），出力FにV_{CC}が現れ「1」となる．

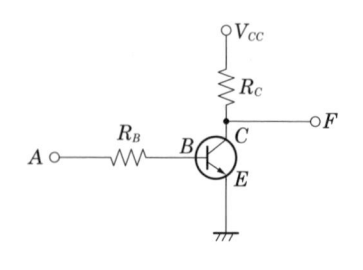

図4.3 NOT回路

4.2 TTL と C-MOS

図4.4に示すように，AND, OR, NOTのいずれの回路もNAND回路から構成することが可能である．また，NAND回路は，トランジスタを使用したNOT回路を含んでいるために**増幅機能**を持っており，多段接続などにも適している．したがって，ディジタルICでは，NAND回路を基本としている．

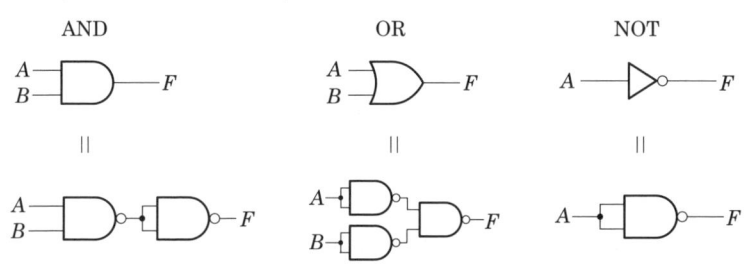

図4.4 NAND回路による基本ゲートの構成

図4.1(a)および図4.3で示したAND回路とNOT回路を使用すれば，図4.5に示すNAND回路を構成することができる．このように，ダイオードとトランジスタを組み合わせた論理回路を**DTL**（diode transistor logic）という．図中のD_3, D_4は**レベルシフトダイオード**と呼ばれるもので，回路の電圧レベルを調整する働きをしている．

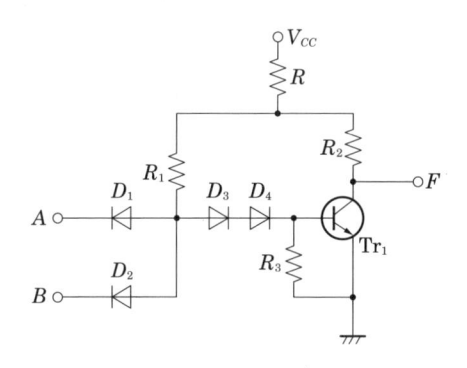

図4.5 NAND (DTL)

一方，図4.5のDTLにおいて，入力段のダイオードの代わりにマルチエミッタトランジスタTr_1，レベルシフトダイオードをTr_2，出力段トランジスタをより特性のよいトーテムポール形回路に置き換えた回路を図4.6に示す．このように，入力と出力段ともにトランジスタを用いた論理回路を**TTL**（transistor transistor logic）という．TTLは，高速で消費電力が少ない，出力インピーダ

ンスが低い，ファンアウト（本章の39ページ参照）が多くとれるなどの長所を持つために広く使用されている．

一方，図4.7に示す**C-MOS**（complementary metal oxide semiconductor）形のゲート回路は，MOS形FETを使用したものであり，消費電力や入力電流がきわめて小さいという優れた特徴を有している．また，TTLに比べて使用部品が少ないので集積化も容易である．ところが，動作スピードが遅い，出力電流が小さい，静電気に弱いなどの欠点があったために，初期においてはTTLに比べて需要が少なかった．しかし，その後開発が進み，低消費電力かつ高速な製品が登場してきたために，TTLに取って代わるようになってきた．

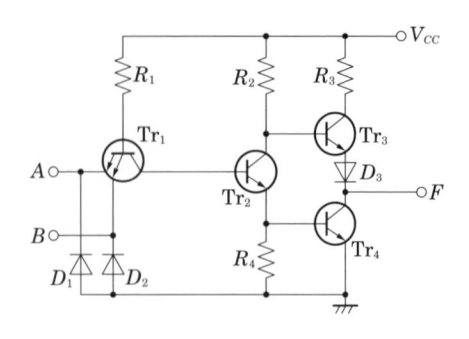

図4.6　TTL

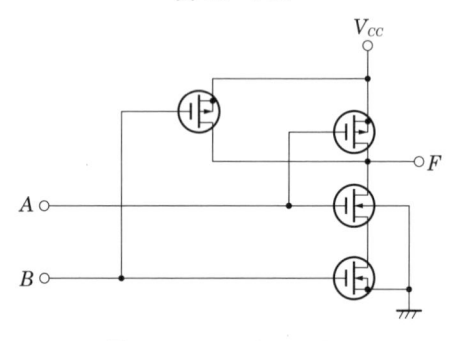

図4.7　C-MOS（NAND）

現在，実際に製品化されているゲートは，**74シリーズ**と呼ばれるものが主流である．74シリーズは，その特性によって**ファミリ**と呼ばれるグループに分類することができる．表4.1に，74シリーズのファミリ分類の一例を示す．表には，開発された年代を示したが，過去に開発された製品であっても，LSファミリのように，現在でも入手が容易で広く使用されているファミリもある．

表4.1　74シリーズのファミリ分類の一例

年代	1960〜1970	1970〜1980	1980〜1990	1990〜
TTL	74（標準）	74LS	74ALS	
C-MOS		（4000シリーズ）	74HC	74AHC
			74AC	
				74LVC（低電圧）

図4.6に示したTTLの構造は，標準ファミリのものであるが，例えば，LSファミリでは，マルチエミッタトランジスタを使用せずに，ショットキーバリアダイオードを使用して高速化を実現している．表4.2に，各ファミリの特性を示す．

新製品になるに従って，C-MOS化が進み，伝搬遅延時間（動作スピード）が速くなっていることがわかる．

表4.2 74シリーズのファミリの特性例

ファミリ	標準	LS	ALS	HC	AC	AHC	LCX
	TTL			C-MOS			
電源電圧範囲〔V〕	4.75〜5.25	4.75〜5.25	4.5〜5.5	2〜6	2〜6	2〜5.5	2〜3.6
静止消費電流〔mA〕	8	1.6	0.85	0.02	0.02	0.02	0.01
伝搬遅延時間〔ns〕	15〜22	15	8〜11	23	7〜8.5	8.5	5.2
最大動作周波数〔MHz〕	15	24	34	25	125	75	150
動作温度範囲〔℃〕	0〜70	0〜70	0〜70	-40〜85	-40〜85	-40〜85	-40〜85

また，表4.1の**4000シリーズ**とは，初期のC-MOS形ゲートのシリーズである．このシリーズは，電源電圧の範囲が，3〜18Vと広いために，現在でも使用されることがある．

図4.8に74シリーズの外観例，図4.9に上面から見たピン配置の例を示す．74シリーズの型番は，図4.10のように，メーカ，74ファミリ，機能，パッケージ（外観）を表す記号で示す．

図4.8 74シリーズの外観例（DIP形）　　図4.9 ピン配置例（74AC04）

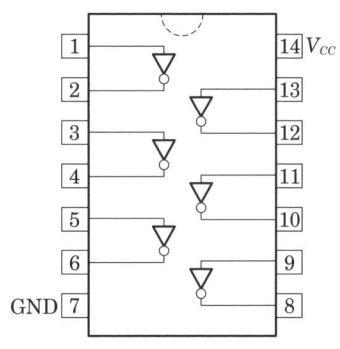

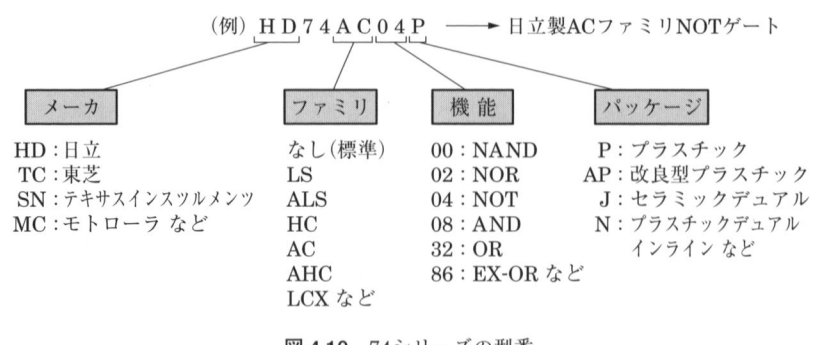

```
                （例）ＨＤ７４ＡＣ０４Ｐ ──→ 日立製ACファミリNOTゲート
```

メーカ	ファミリ	機能	パッケージ
HD：日立	なし(標準)	00：NAND	P：プラスチック
TC：東芝	LS	02：NOR	AP：改良型プラスチック
SN：テキサスインスツルメンツ	ALS	04：NOT	J：セラミックデュアル
MC：モトローラ　など	HC	08：AND	N：プラスチックデュアル
	AC	32：OR	インライン　など
	AHC	86：EX-OR　など	
	LCX　など		

図4.10 74シリーズの型番

4.3 ICの規格

ディジタルICに関するデータは，各半導体メーカが提供している規格表か，出版社が市販している規格表などから得ることができる．近年では，インターネットを利用することで容易にデータを入手できる．ここでは，ディジタルICの主要な規格について理解しよう．

(1) 絶対最大定格と推奨動作条件

ICの破壊や性能の低下を起こさないためには，**絶対最大定格**を守らなければならない．

表4.3 ACファミリの絶対最大定格

項目	記号	定格値	単位	条件
電源電圧	V_{CC}	$-0.5 \sim 7$	V	
DC入力ダイオード電流	I_{IK}	-20	mA	$V_I = -0.5$V
		20	mA	$V_I = V_{CC} + 0.5$V
DC入力電圧	V_I	$-0.5 \sim V_{CC}+0.5$	V	
DC出力ダイオード電流	I_{OK}	-50	mA	$V_O = -0.5$V
		50	mA	$V_O = V_{CC} + 0.5$V
DC出力電圧	V_O	$-0.5 \sim V_{CC}+0.5$	V	
DC出力電流	I_O	± 50	mA	
DC V_{CC} GND電流/出力ピン	I_{CC}, I_{GND}	± 50	mA	1出力ピン当たり
保存温度	Tstg	$-65 \sim +150$	℃	

また，ICの性能を最大限に引き出し安定に動作させるためには，**推奨動作条件**に従うようにする．例として，表4.3，表4.4に74シリーズACファミリの絶対最大定格と推奨動作条件を示す．

表 4.4　ACファミリの推奨動作条件

項目	記号	定格値	単位	条件
電源電圧	V_{CC}	2～6	V	
入出力電圧	V_I, V_O	0～V_{CC}	V	
動作温度	Ta	－40～＋85	℃	
入力立上り，立下り時間（シュミットトリガ入力を除く）	t_r, t_f	8	ns/V	V_{CC} = 3.0V V_{CC} = 4.5V V_{CC} = 5.5V

(2) スイッチング特性

図4.11に示すように，入出力信号が0 → 1または1 → 0に変化する場合，一般には，**立上り時間**（t_r）または**立下り時間**（t_f）を要する．

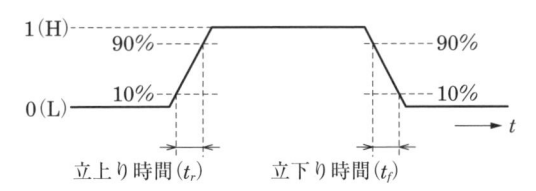

図 4.11　立上り時間と立下り時間の例

また，図4.12に示すように，ICに入力信号を加えた場合，それに対応する出力信号が得られるまでの時間を**伝搬遅延時間**と呼び，この電気的特性を**スイッチ**

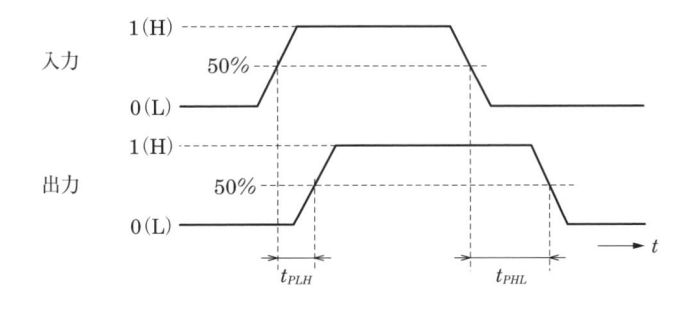

図 4.12　伝搬遅延時間の例

ング特性という．記号では，出力信号が 0 → 1 に変化する 50 % 間の時間を t_{PLH}，1 → 0 に変化する 50 % 間の時間を t_{PHL} と表す．

(3) 論理レベル

論理信号 0，1 と実際の電圧との対応や IC が信号を判定する電圧を**論理レベル**という．また，IC が論理信号の 0 と 1 を区別する境界の電圧を，**スレッショルド (threshold) 電圧**または，**閾値電圧**(しきいち)という．図 4.13 に 74 シリーズ AC ファミリの論理レベルを示す．AC ファミリでは，V_{CC} = 5.5V，室温 25 ℃ の条件で動作させた場合，入力電圧 1.65V 以下を論理信号 0，3.85V 以上を論理信号 1 と判定する．スレッショルド電圧の目安は 2.75V である．そして，出力信号が 0 のときには 0.1V 以下，1 のときには 5.4V 以上の電圧を出力する．

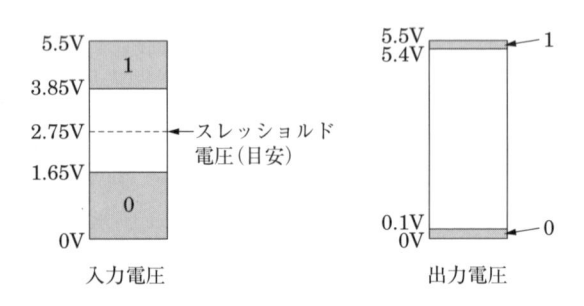

図 4.13 AC ファミリの論理レベル (V_{CC} = 5.5V, 25 ℃)

一方，LS ファミリでは，出力信号が 0 のときには 0.5V 以下，1 のときには 2.7V 以上の電圧を出力する (V_{CC} = 4.5V)．このように，論理レベルは，ファミリなどによって異なるので，ファミリを混在して使用する場合には注意が必要である．

次に，図 4.14(a) に示すような信号入力回路を考えよう．これは，端子 A にスイッチ ON で信号「1」，OFF で「0」が入力されることを期待した回路である．しかし，スイッチ ON のときには問題ないが，OFF のときには端子 A はオープン (0 でも 1 でもない状態) になってしまう．したがって，回路の誤動作を防ぐために，図 4.14(b) に示すような抵抗を挿入し，スイッチ OFF のときに「0」となるようにする必要がある．このような抵抗を**プルダウン抵抗** (pull - down resistor) と呼ぶ．また，電圧を引き上げるために，ある端子と V_{CC} 端子間に接

(a) 正しくない回路　　　(b) 正しい回路

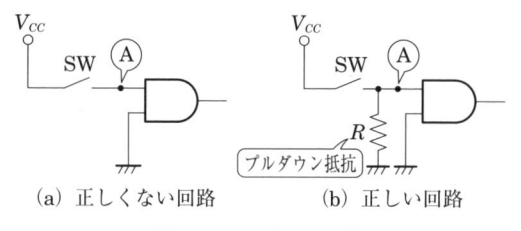

図 4.14　スイッチ回路

続する抵抗を**プルアップ抵抗**（pull‐up resistor）という．

前に述べた，LSファミリの出力ピンをACファミリの入力ピンに接続する場合には，プルアップ抵抗を使用すればよい．

(4) ファンアウト

ICの出力ピンの信号が「0」の場合には，接続先の入力ピンから出力ピンに向けて電流が流れ込み，出力ピンの信号が「1」のときには，それと逆向きの電流が流れる．一方，出力ピンに流せる電流には絶対最大定格があるため，接続できる入力ピンの数には限界がある．1本の出力ピンに接続することのできる入力ピンの数を**ファンアウト**（fan out）という．

C‐MOS形のICでは，入力抵抗が高いために入力ピンに流れる電流は微少（0.1μA程度）であり，この点からはファンアウトはきわめて大きくとれる．しかし，入力端子に存在する静電容量（5pF程度）に充放電電流が流れるために，ファンアウトはおよそ50本と考えるとよい．TTL形のICでは，入力ピンに流れる電流（最大400μA程度）を無視できないために，ファンアウトはおよそ20本となる．

(5) オープンドレイン形

C‐MOSでは**オープンドレイン形**，TTLでは**オープンコレクタ形**と呼ばれるICがある．これは出力段のFET（またはトランジスタ）に電流容量の大きなものを使用し，さらに出力ピンとなるドレイン（またはコレクタ）を内部で他と接続していないオープンな状態にしている．したがって，比較的大きな電流を制御することが可能となる．この形のICは，複数の出力ピン同士を接続してワイヤード回路を構成することもできる（演習問題4の[6]参照）．

●演習問題4●

[1] 表4.5は，74シリーズのLSファミリ（TTL）とHCファミリ（C-MOS）について比較したものである．優れているほうに〇を記入しなさい．

表4.5　LSファミリとHCファミリの比較

ファミリ	消費電力	伝搬遅延時間	対静電気特性
LS			
HC			

[2] 次のディジタルICの機能を規格表などで調べなさい．
　① 74LS07　② 74LS11　③ 74LS30

[3] ディジタルICの伝搬遅延時間について説明しなさい．

[4] スレッショルド電圧とは何か，簡単に説明しなさい．

[5] 74LS04（NOT）の出力ピンは，信号0で8mA，信号1で400μAまでの電流を流して使用することが推奨されている．また，入力ピンは，信号0で400μA，信号1で20μAの電流が流れる．このことから，図4.15に示すように，74LS04どうしを接続する場合のファンアウトを計算しなさい．

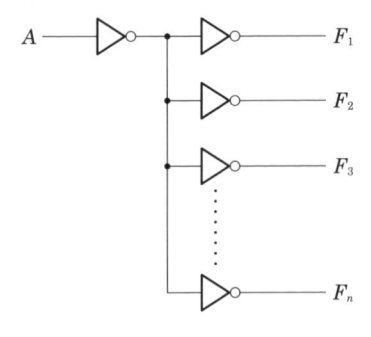

図4.15　ファンアウトn

[6] 図4.16は，オープンコレクタ形のNAND回路2個を接続したワイヤードANDと呼ばれる回路である．出力Fの論理式を示しなさい．

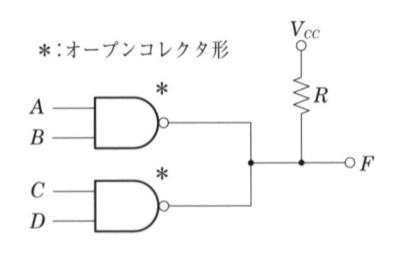

図4.16　ワイヤードAND

第5章
各種のディジタル回路

これまで学んだディジタル回路は，入力の組み合せによってのみ出力が決まるものであった．このような回路を組み合せ回路（combination circuit）という．これに対して，入力の組み合せに加えて，現在の回路の状態がどのようになっているかによって出力が決まる回路を順序回路（sequential circuit）という．図5.1(a)に組み合せ回路，図5.1(b)に順序回路の考え方を示す．

本章では，組み合せ回路に分類されるコンパレータやデコーダなど各種のディジタル回路について学ぼう．順序回路については，「第7章フリップフロップ」以降で学ぶ．

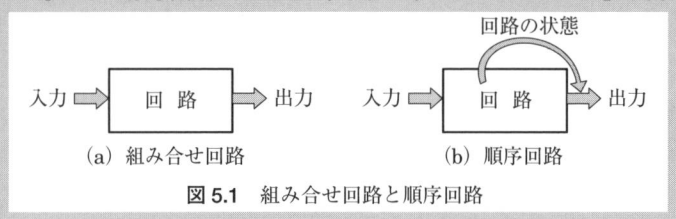

図5.1　組み合せ回路と順序回路

5.1　コンパレータ

コンパレータ（comparator）は，入力データの大小関係を比較する回路であり，**比較回路**とも呼ばれる．図5.2に示すEX‐NOR回路は，2つの入力データが等しい場合にのみ「1」を出力するコンパレータと考えることができる．この場合には，**一致回路**とも呼ばれる．

図5.3には，3つの入力データすべてが等しいかどうかを調べる一致回路の例を示す．この回路では，すべての入力データが等しい場合にのみ出力が「1」となる．

$F = \overline{AB} + \overline{A}B$

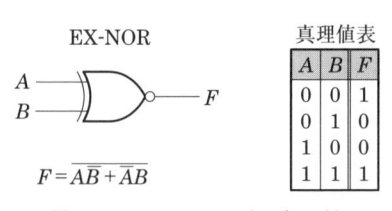

図5.2　コンパレータ（一致回路）

真理値表

A	B	F
0	0	1
0	1	0
1	0	0
1	1	1

$F = \overline{A+B+C} + ABC$

真理値表

A	B	C	F
0	0	0	1
0	0	1	0
0	1	0	0
0	1	1	0
1	0	0	0
1	0	1	0
1	1	0	0
1	1	1	1

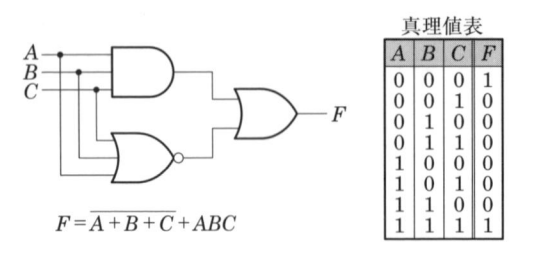

図 5.3 3ビットデータの一致回路

次に，入力データの大小関係を調べる回路を考えよう．表5.1に，2ビットデータの大小関係を表す真理値表を示す．この真理値表から，コンパレータを構成すると，図5.4に示す回路が得られる．

表 5.1 真理値表

A	B	F_0 $A=B$	F_1 $A<B$	F_2 $A>B$
0	0	1	0	0
0	1	0	1	0
1	0	0	0	1
1	1	1	0	0

$F_0 = AB + \overline{A}\,\overline{B}$

$F_1 = \overline{A}B$

$F_2 = A\overline{B}$

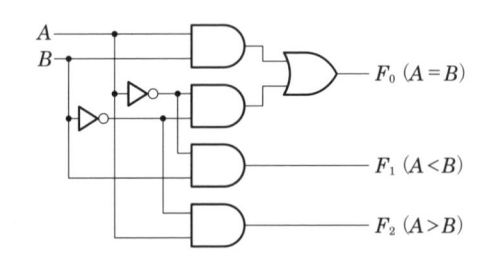

図 5.4 2ビットデータの大小比較回路

5.2 エンコーダ

エンコーダ（encoder）は，**符号器**とも呼ばれる回路であるが，ここでは10進数を2進数に変換する回路であると捉えることにする．

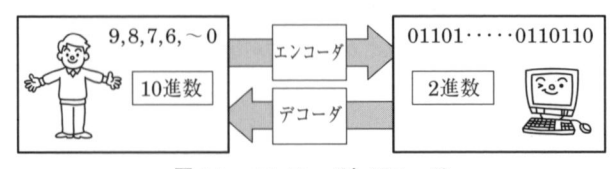

図 5.5 エンコーダとデコーダ

これとは逆に，**解読器**とも呼ばれる**デコーダ**（decoder）は，2進数を10進数に変換する回路であると捉える．つまり，図5.5に示すように，10進数は人間が直接理解できるデータ，2進数はそうではないデータだと考えている．

はじめに，エンコーダから学習しよう．

図5.6に，10進数を2進数に変換するエンコーダの構成を示す．10進数を扱うといっても，ディジタル回路で直接処理できるのは2進数のみである．したがって，$A_0 \sim A_9$までの10本の入力ピンに，10進数の0〜9を割り当てて使用する．例えば，10進数の7を表す場合には，A_7ピンのみに信号「1」，他のピンには「0」を与えることとする．10進数1桁をエンコードする場合には，4本の出力ピンが必要となるが，出力されるデータは0000B〜1001Bとなる．

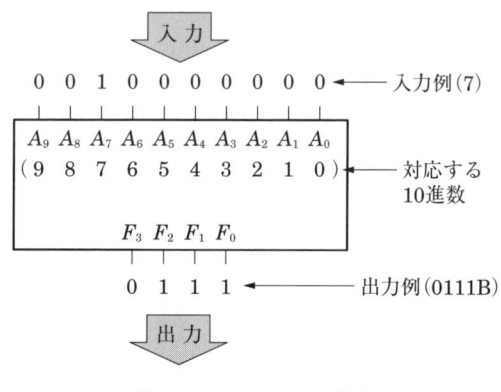

```
              ┌─ 入力 ─┐
     0 0 1 0 0 0 0 0 0 0 ◀── 入力例(7)
  ┌─────────────────────────┐
  │ A₉ A₈ A₇ A₆ A₅ A₄ A₃ A₂ A₁ A₀ │
  │ ( 9  8  7  6  5  4  3  2  1  0 ) │◀── 対応する
  │                                  │     10進数
  │        F₃ F₂ F₁ F₀               │
  └─────────────────────────┘
         0  1  1  1  ◀── 出力例(0111B)
              └─ 出力 ─┘
```

図 5.6 エンコーダの構成

表5.2に，10進数を2進数に変換するエンコーダの真理値表を示す．表5.2において，入力$A_0 \sim A_9$のうち「1」となるのはいつも1つのピンのみであることから，論理式を$F_0 = A_1 + A_3 + A_5 + A_7 + A_9$のように求めることができる．このことを用いて，真理値表からエンコーダ回路を設計する手順について説明する．

◇ **エンコーダの設計手順**

手順①：真理値表において，出力F_0が「1」のときに対応する入力ピンを求める．表5.2の場合には，A_1, A_3, A_5, A_7, A_9が対応する入力ピンである（表5.2の○印を参照）．

表5.2 エンコーダの真理値表

A_9	A_8	A_7	A_6	A_5	A_4	A_3	A_2	A_1	A_0	F_3	F_2	F_1	F_0
0	0	0	0	0	0	0	0	0	1	0	0	0	0
0	0	0	0	0	0	0	0	①	0	0	0	0	①
0	0	0	0	0	0	0	1	0	0	0	0	1	0
0	0	0	0	0	0	①	0	0	0	0	0	1	①
0	0	0	0	0	1	0	0	0	0	0	1	0	0
0	0	0	0	①	0	0	0	0	0	0	1	0	①
0	0	0	1	0	0	0	0	0	0	0	1	1	0
0	0	①	0	0	0	0	0	0	0	0	1	1	①
0	1	0	0	0	0	0	0	0	0	1	0	0	0
①	0	0	0	0	0	0	0	0	0	1	0	0	①

手順②：図5.7に示すように，手順①で求めた入力ピンをOR回路に接続して，その出力をF_0とする．

手順③：手順①と同様にして，出力F_1が「1」のときに対応する入力ピンを求める．表5.2の場合には，A_2, A_3, A_6, A_7が対応する入力ピンである．

手順④：手順②と同様にして，手順③で求めた入力ピンをOR回路に接続して，その出力をF_1とする．

手順⑤：手順①，②と同様にして，出力F_2とF_3を得る．

出力F_2はA_4, A_5, A_6, A_7，出力F_3はA_8, A_9が対応する入力ピンとなる．

図5.8に，完成したエンコーダ回路を示す．

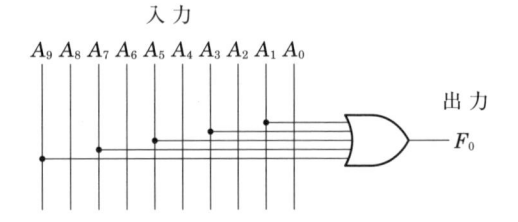

図5.7 エンコーダの設計

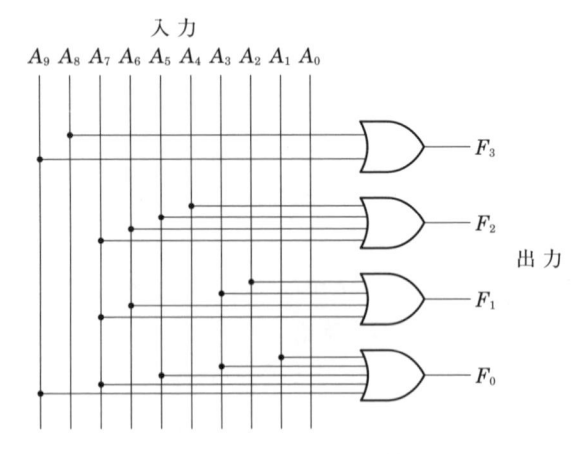

図5.8 エンコーダ回路

5.3 デコーダ

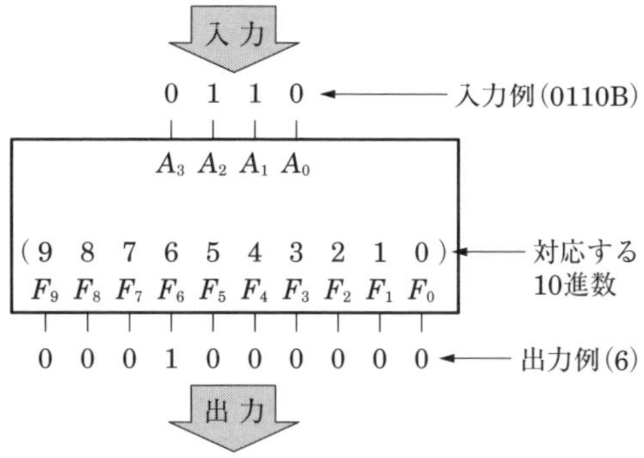

図5.9に，2進数を10進数に変換するデコーダの構成を示す．10進数を扱う方法は，前に学んだエンコーダと同様であり，$F_0 \sim F_9$までの10本の出力ピンに，10進数の0〜9を割り当てて使用する．

表5.3に，2進数を10進数に変換するデコーダの真理値表を示す．表5.3から，

$$F_0 = \overline{A_3} \cdot \overline{A_2} \cdot \overline{A_1} \cdot \overline{A_0}$$

のように論理式を求めることができる．このことを用いて，真理値表からデコーダ回路を設計する手順について説明する．

図 5.9 デコーダの構成

◇ デコーダの設計手順

手順①：真理値表において，入力A_3, A_2, A_1, A_0が「0000」のときには，出力F_0のみが「1」となっている（表5.3の○印を参照）．したがって，図5.10に示すように，A_3, A_2, A_1, A_0をすべてNOTした信号のANDを出力F_0とする．

表 5.3 デコーダの真理値表

A_3	A_2	A_1	A_0	F_9	F_8	F_7	F_6	F_5	F_4	F_3	F_2	F_1	F_0
⓪	⓪	⓪	⓪	0	0	0	0	0	0	0	0	0	①
0	0	0	1	0	0	0	0	0	0	0	0	1	0
0	0	1	0	0	0	0	0	0	0	0	1	0	0
0	0	1	1	0	0	0	0	0	0	1	0	0	0
0	1	0	0	0	0	0	0	0	1	0	0	0	0
0	1	0	1	0	0	0	0	1	0	0	0	0	0
0	1	1	0	0	0	0	1	0	0	0	0	0	0
0	1	1	1	0	0	1	0	0	0	0	0	0	0
1	0	0	0	0	1	0	0	0	0	0	0	0	0
1	0	0	1	1	0	0	0	0	0	0	0	0	0

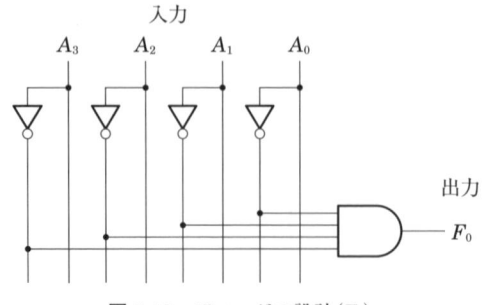

図 5.10 デコーダの設計(F_0)

　手順②：真理値表において，入力A_3, A_2, A_1, A_0が「0001」のときには，出力F_1のみが「1」となっている．したがって，出力F_1は，$\overline{A_3}, \overline{A_2}, \overline{A_1}$と$A_0$をANDしたものとする．

　手順③：手順①②と同様にして，出力F_2からF_9を求める．

　図5.11に，完成したデコーダ回路を示す．

　4ビットの2進数を1桁の10進数に対応させることは，2進化10進数（第1章の9ページ参照）の考え方と同じであることから，このデコーダを **BCD to Decimal Decoder** と呼ぶ．

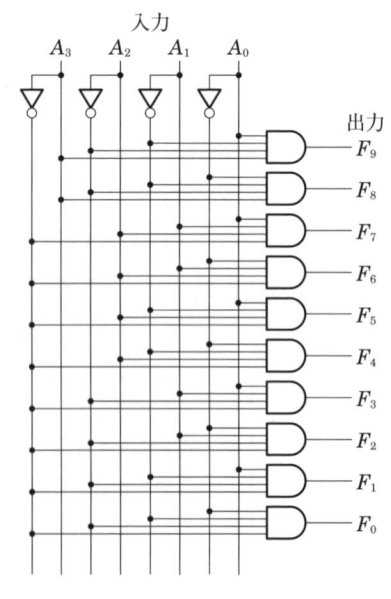

図 5.11　デコーダ回路

5.4 マルチプレクサ

マルチプレクサ (multiplexer) は，**データ選択回路**とも呼ばれ，複数のデータから1つのデータを選択する場合に使用される．入力データ線が$2^n (= m)$本の入力から，n本の選択信号線を使用して1出力を選択するマルチプレクサを**$m×1$マルチプレクサ**という．図5.12に4ビットの入力データから任意の1ビットデータを選択する4×1マルチプレクサの構成，表5.4にその動作表を示す．

前に学んだデコーダを用いて4×1マルチプレクサを構成すると，図5.13に示す回路が得られる．

表 5.4　4×1マルチプレクサの動作表

S_1	S_0	F
0	0	A
0	1	B
1	0	C
1	1	D

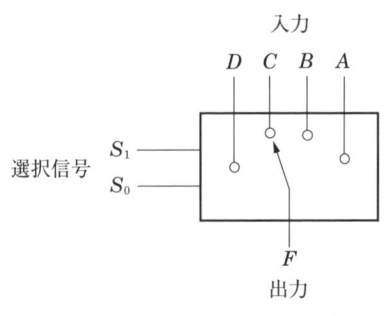

図 5.12　4×1マルチプレクサの構成

一方，表5.4から論理式を求めると，式(5.1)のようになる．

$$F = \overline{S_1}\,\overline{S_0}A + \overline{S_1}S_0B + S_1\overline{S_0}C + S_1S_0D \quad \cdots\cdots\cdots\cdots\cdots (5.1)$$

この式からは，図5.14に示す4×1マルチプレクサの回路が得られる．

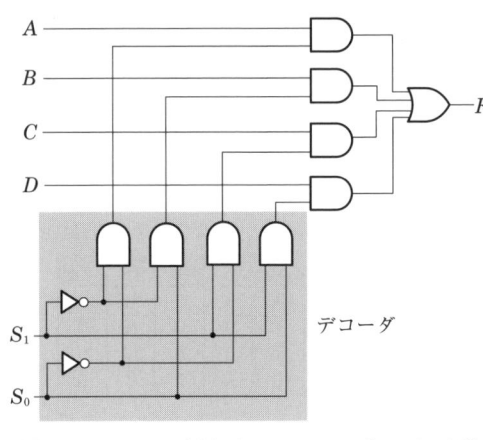

図 5.13　デコーダを用いた 4×1 マルチプレクサの回路

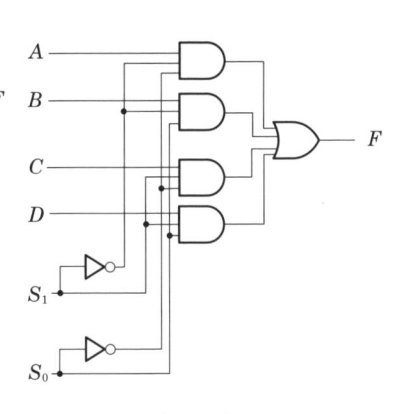

図 5.14　論理式から求めた 4×1マルチプレクサの回路

また，複数の $m \times 1$ マルチプレクサを用いて，入力データ数のより多いマルチプレクサを構成することが可能である．図5.15に，4×1 マルチプレクサ（$m = 4$）2個を用いて，8×1 マルチプレクサ（$2m = 8$）を構成した例を示す．S_aは，追加した選択信号線である．

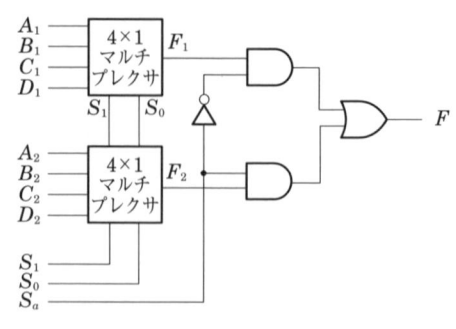

図 5.15　$2m \times 1$ マルチプレクサの構成例

5.5　デマルチプレクサ

デマルチプレクサ（demultiplexer）は，1つのデータを複数のデータ線のうちのいずれかに出力する回路であり，マルチプレクサとは逆の動作をする回路である．n本の選択信号線を使用して，1つの入力を 2^n（$= m$）本の出力線のいずれかを選択するデマルチプレクサを **$1 \times m$ デマルチプレクサ** という．図5.16に1ビットデータを4ビットの出力線のいずれかに出力する 1×4 デマルチプレクサの構成例，表5.5にその動作表を示す．

前に学んだデコーダを用いて 1×4 デマルチプレクサを構成すると，図5.17に示す回路が得られる．一方，表5.5から論理式を求めると，式(5.2)のようになる．

$$\left. \begin{array}{l} F_0 = \overline{S_1}\,\overline{S_0}A, \quad F_1 = \overline{S_1}S_0A \\ F_2 = S_1\overline{S_0}A, \quad F_3 = S_1S_0A \end{array} \right\} \quad \cdots\cdots\cdots\cdots\cdots\cdots\cdots\cdots\cdots (5.2)$$

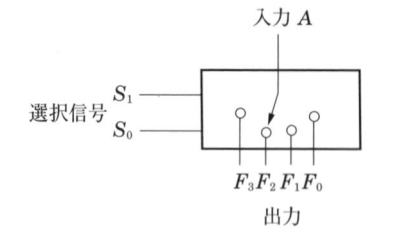

図 5.16　1×4 デマルチプレクサの構成

表 5.5　1×4 デマルチプレクサの動作表

S_1	S_0	F_3	F_2	F_1	F_0
0	0	0	0	0	A
0	1	0	0	A	0
1	0	0	A	0	0
1	1	A	0	0	0

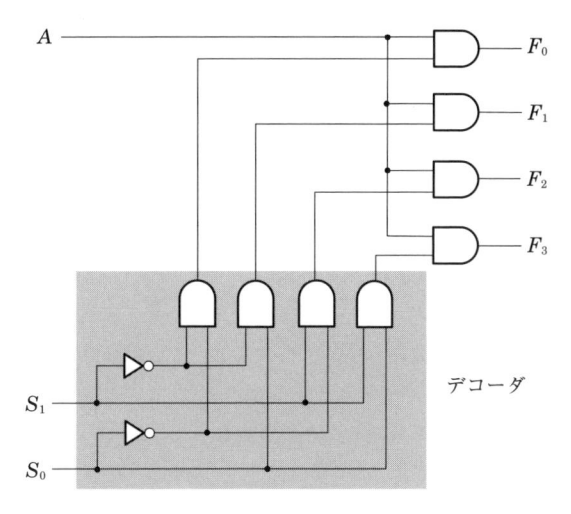

図 5.17 デコーダを用いた 1×4 デマルチプレクサの回路

この式からは，図 5.18 に示す 1×4 デマルチプレクサの回路が得られる．

このデマルチプレクサでは，選択されなかった出力線には「0」が出力される．デマルチプレクサは，シリアル（直列）データをパラレル（並列）データに変換する回路などに応用できる．

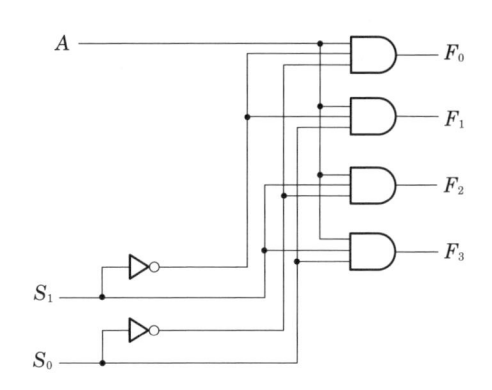

図 5.18 論理式から求めた 1×4 デマルチプレクサの回路

5.5 デマルチプレクサ　49

●演習問題5●

[1] 図5.19に示す回路は，どのような働きをするか答えなさい．

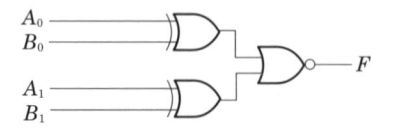

図5.19　問題[1]

[2] 4ビットデータの和が偶数なら「0」，奇数なら「1」を出力する論理回路を示しなさい（このような検査を**パリティチェック**という）．
[3] 表5.6に示す動作をするエンコーダを設計しなさい．

表5.6　問題[3]

入力				出力	
D	C	B	A	F_1	F_0
0	0	0	1	0	0
0	0	1	0	0	1
0	1	0	0	1	0
1	0	0	0	1	1

[4] 前問で設計したエンコーダでは，複数の入力ピンに「1」が入力されたときには，入力ピンの信号を特定できない．例えば，$B=C=1$ かつ $A=D=0$ の場合には，$F_1=F_0=1$ となり，D のみに1が入力された場合と同じ出力になってしまう．このことに対する対策について説明しなさい．
[5] 本章で学んだ回路のうち，パラレルデータをシリアルデータに変換する場合に応用できる回路名をあげなさい．
[6] 図5.13と図5.14の回路を比較して説明しなさい．

第6章 演算回路

これまで学んだ論理演算では，例えば 1 + 1 = 1 のような OR 演算を考えた．このような論理演算では，桁上がりなどの概念は必要なかった．一方，算術演算では，1 + 1 = 10（2進数）となる演算を考える．つまり，桁上がりなどを考慮した処理が必要となる．この章では，コンピュータ内部で使用されている演算回路の基本となる加算回路，減算回路の原理について学ぼう．

6.1 加算回路

加算回路は，すべての算術演算回路の基本である．なぜならば，減算はマイナス符号を付加した加算，乗算は加算の繰り返し，除算は減算の繰り返しと考えられるからである．

(1) 半加算器

半加算器（HA：half adder）は，2個の1ビットデータを加算する回路である．表6.1に，半加算器の真理値表を示す．加算するデータは A と B，和は S（sum），桁上りは C(carry) として表している．例えば，$A = 0, B = 1$ のときには $0 + 1 = 1$ で桁上りなしとなり，$S = 1, C = 0$ となる．また，$A = 1, B = 1$ のときには $1 + 1 = 10$ で桁上りありとなり，$S = 0, C = 1$ となる．半加算器は，図6.1

表 6.1 半加算器の真理値表

A	B	S	C
0	0	0	0
0	1	1	0
1	0	1	0
1	1	0	1

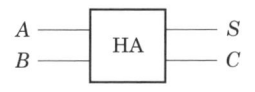

図 6.1 半加算器の図記号

に示す図記号を用いて表す．

表6.1の真理値表から論理式を求めると式(6.1)のようになる．

$$\left. \begin{array}{l} S = \overline{A}B + A\overline{B} \\ C = AB \end{array} \right\} \quad \cdots\cdots\cdots\cdots\cdots\cdots\cdots\cdots\cdots\cdots\cdots\cdots\cdots\cdots (6.1)$$

式(6.1)から，図6.2に示す半加算器の回路を得ることができる．この回路の出力Sは，排他的論理和（EX-OR）を用いて，図6.3のように表現することもできる．

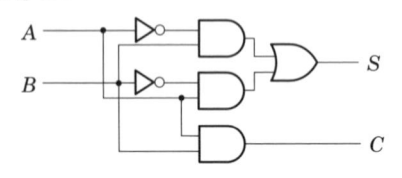

図6.2　半加算器の回路

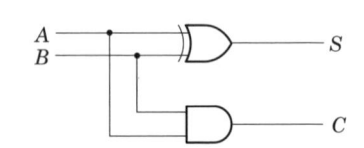

図6.3　EX-ORを用いた半加算器

図6.4に，複数ビット同士の加算例として，4ビットデータの加算過程を示す．最下位ビット（ビット0）の加算においては，$A = 1, B = 1$となり$1 + 1 = 10$で桁上りありとなり，$S = 0, C = 1$となる．ここでは半加算器を使用して桁上り情報を上位ビット（ビット1）へ渡すことができる．しかし，ビット1における加算では，$A = 1, B = 0$の加算に加えて，ビット0からの桁上り情報Cも加算しなければならない．つまり，最下位以外のビットでは，上位ビットへ桁上り情報を与えるのと同時に，下位ビットからもたらされた桁上り情報を受け取って加算する機能が必要なのである．したがって，半加算器では，複数ビットどうしの加算に対応できない．

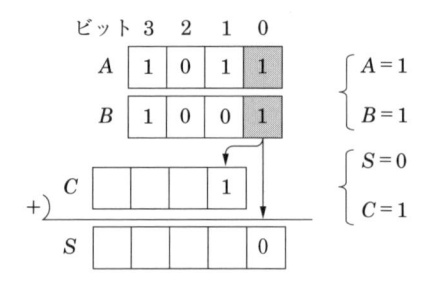

図6.4　複数ビットの加算例

(2) 全加算器

全加算器（FA：full adder）は，上位ビットへ桁上り情報C_oを与えるのと同時に，下位ビットからもたらされた桁上り情報C_iを受け取って加算する機能を

有した回路である．表6.2に全加算器の真理値表，図6.5に図記号を示す．

表6.2 全加算器の真理値表

A	B	C_i	S	C_o
0	0	0	0	0
0	0	1	1	0
0	1	0	1	0
0	1	1	0	1
1	0	0	1	0
1	0	1	0	1
1	1	0	0	1
1	1	1	1	1

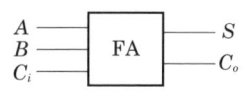

図6.5 全加算器の図記号

表6.2の真理値表より論理式を求めると，式(6.2)に示すようになる．

$$\left. \begin{array}{l} S = \overline{A}\overline{B}C_i + \overline{A}B\overline{C_i} + A\overline{B}\overline{C_i} + ABC_i \\ C_o = \overline{A}BC_i + A\overline{B}C_i + AB\overline{C_i} + ABC_i \end{array} \right\} \quad \cdots\cdots\cdots\cdots\cdots\cdots (6.2)$$

これらの論理式に対し，3変数のカルノー図による簡単化を試みる．

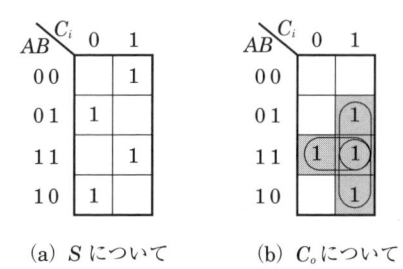

図6.6 全加算器に関するカルノー図
(a) S について　(b) C_o について

図6.6に示すように，和Sについては簡単化できないが，桁上りC_oについては，式(6.3)のように簡単化できることがわかる．

$$\left. \begin{array}{l} S = \overline{A}\overline{B}C_i + \overline{A}B\overline{C_i} + A\overline{B}\overline{C_i} + ABC_i \\ C_o = AB + AC_i + BC_i \end{array} \right\} \quad \cdots\cdots\cdots\cdots\cdots\cdots (6.3)$$

式(6.3)から，全加算器の回路を構成すると図6.7のようになる．

全加算器は，半加算器を用いて構成することができる．図6.8に，2個の半加算器を用いた全加算器の構成を示す．

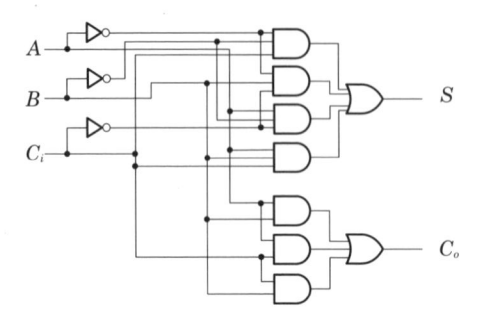

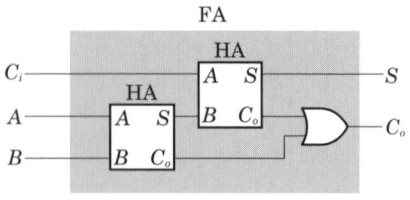

図 6.7 全加算器の回路 　　　図 6.8 半加算器による全加算器の構成

(3) ノイマンの全加算器

式(6.3)において，C_o を用いて S を表してみよう．

S の式に $\overline{AC_iC_i}, \overline{BC_iC_i}, \overline{ABB}, \overline{BBC_i}, \overline{AAB}, \overline{AAC_i}$ を加える．

これらは，補元の法則（第2章の14ページ参照）より，すべて0となる．

$$S = \left(\overline{ABC_i} + \overline{AC_iC_i} + \overline{BC_iC_i}\right) + \left(\overline{ABC_i} + \overline{ABB} + \overline{BBC_i}\right)$$
$$+ \left(\overline{ABC_i} + \overline{AAB} + \overline{AAC_i}\right) + ABC_i$$
$$= C_i\left(\overline{AB} + \overline{AC_i} + \overline{BC_i}\right) + B\left(\overline{AB} + \overline{AC_i} + \overline{BC_i}\right)$$
$$+ A\left(\overline{AB} + \overline{AC_i} + \overline{BC_i}\right) + ABC_i$$
$$= (A + B + C_i)\left(\overline{AB} + \overline{AC_i} + \overline{BC_i}\right) + ABC_i \cdots\cdots (6.4)$$

一方，$C_o = AB + AC_i + BC_i$ より

$$\overline{C_o} = \overline{AB + AC_i + BC_i} = \overline{AB} \cdot \overline{AC_i} \cdot \overline{BC_i}$$
$$= (\overline{A} + \overline{B})(\overline{A} + \overline{C_i})(\overline{B} + \overline{C_i})$$

この式を，展開して整理すると式(6.5)のようになる．

$$\overline{C_o} = \overline{AB} + \overline{AC_i} + \overline{BC_i} \cdots\cdots (6.5)$$

式(6.5)を式(6.4)に代入すると次式が得られる．

$$S = (A + B + C_i)\overline{C_o} + ABC_i \cdots\cdots (6.6)$$

式(6.6)と前に求めた式(6.3)の C_o から論理回路を構成すると，図6.9のように

なる．この回路は，**ノイマンの全加算器**と呼ばれ，図6.7に示した回路より簡単であるために，実際の全加算器の回路として広く使用されている．

(4) 並列加算方式

複数ビットどうしの加算を行う方法は，**並列加算方式**と**直列加算方式**に大別できる．図6.10に，4ビットどうしのデータを加算する並列加算方式の例を示す．この図では，すべてのビット加算用に全加算器を用いているが，最下位ビットについては，半加算器に換えることが可能である．並列加算方式は，回路は少々複雑になるが高速な演算が行える．ただし，基本的には，桁上り信号を得るために最下位ビットから上位ビットに向けて順次，演算を行っていく必要がある．

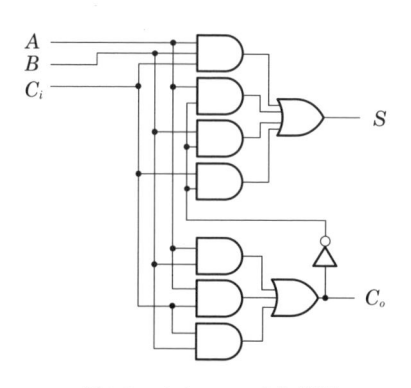

図6.9　ノイマンの全加算器

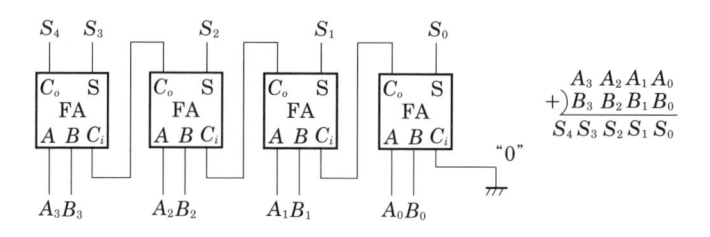

図6.10　並列加算方式

(5) 直列加算方式

図6.11に，4ビットどうしのデータを加算する直列加算方式の例を示す．使用する全加算器は1個のみであり，その他に**レジスタ**（register）を1個用いている．レジスタは，**置数器**とも呼ばれる小規模な記憶装置のことであり，ここで使用するのは1ビットのレジスタである．

6.1 加算回路　55

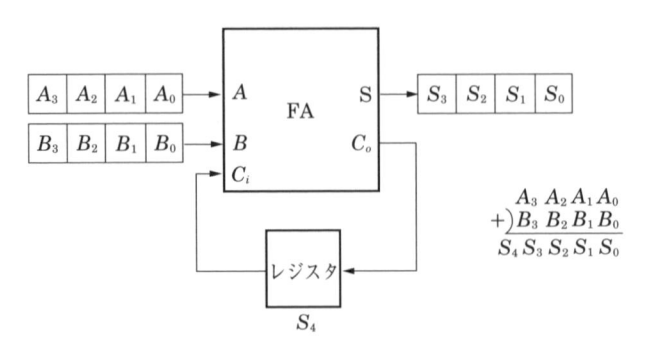

```
  ┌──┬──┬──┬──┐      ┌─────┐      ┌──┬──┬──┬──┐
  │A₃│A₂│A₁│A₀│──────│ A   │      │S₃│S₂│S₁│S₀│
  ├──┼──┼──┼──┤      │  FA S├──────┴──┴──┴──┴──┘
  │B₃│B₂│B₁│B₀│──────│ B   │
  └──┴──┴──┴──┘   ┌──│ Cᵢ Cₒ│
                  │  └─────┘
                  │     │
                  │  ┌─────┐
                  └──│レジスタ│◀─
                     └─────┘
                       S₄
```

$$\begin{array}{r} A_3\,A_2\,A_1\,A_0 \\ +)\,B_3\,B_2\,B_1\,B_0 \\ \hline S_4\,S_3\,S_2\,S_1\,S_0 \end{array}$$

図 6.11 直列加算方式

　直列加算方式では，加算するデータをシフトによって最下位ビットから1つずつ取り出しては加算していく．桁上りデータは，レジスタに記憶しておき，次の上位ビットの演算時に合わせて加算を行う．したがって，加算結果は下位ビットから1ビットずつ得られる．すべての演算が終了したときには，演算結果の最上位ビットはレジスタに格納されている．この方式は，回路が簡単に構成できるのが利点であるが，演算速度は遅くなる．

6.2　減算回路

　加算回路と同様に，減算回路においても半減算器と全減算器を考えることができる．

(1) 半減算器

　半減算器（**HS**：half subtracter）は，2個の1ビットデータの減算をする回路である．表6.3に，減算回路の真理値表を示す．減算データはA（被減算数）とB（減算数），差はD(difference)，上位ビットからの借りはB_o(borrow) として表している．例えば，$A = 0, B = 1$のときには$0 - 1 = 11$で借りありとなり，$D = 1, B_o = 1$となる．また，$A = 1, B = 1$のときには$1 - 1 = 0$で借りなしとなり，$D = 0, B_o = 0$となる．全減算器は，図6.12に示す図記号を用いて表す．

表6.3の真理値表から論理式を求めると式(6.7)のようになる.
式(6.7)から，図6.13に示す半減算器の回路を得ることができる．

表6.3 半減算器の真理値表

A	B	D	B_o
0	0	0	0
0	1	1	1
1	0	1	0
1	1	0	0

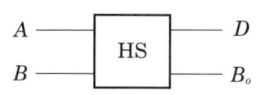

図6.12 半減算器の図記号

$$\left.\begin{array}{l} D = \overline{A}B + A\overline{B} \\ B_o = \overline{A}B \end{array}\right\} \quad\cdots\cdots\cdots\cdots (6.7)$$

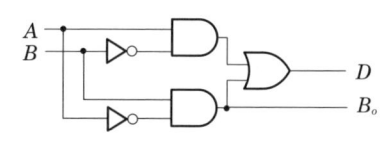

図6.13 半減算器の回路

図6.14に，複数ビットどうしの減算例として，4ビットデータの減算過程を示す．最下位ビット（ビット0）の減算においては，$A = 0, B = 1$ となり $0 - 1 = 11$ でビット1からの借りが生じるため，$D = 1, B_o = 1$ となる．ここでは半減算器を使用して借りの情報を上位ビット（ビット1）へ渡すことができる．しかし，ビット1からの減算では，$A - B$ の減算に加えて，下位ビットからの借り情報 B_o も減算しなければならないため，半減算器では対応できない．図6.14において，差 D のビット4に「1」が現れるのは，$A < B$，つまり D が負になる場合である．

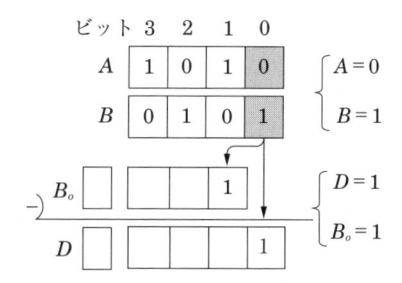

図6.14 複数ビットの減算例

(2) 全減算器

　全減算器（**FS**：full subtracter）は，上位ビットへ借り情報 B_o を与えるのと同時に，下位ビットからもたらされた借り情報 B_i を受け取って減算する機能を有した回路である．表6.4に全減算器の真理値表，図6.15に図記号を示す．

表 6.4　全減算器の真理値表

A	B	B_i	D	B_o
0	0	0	0	0
0	0	1	1	1
0	1	0	1	1
0	1	1	0	1
1	0	0	1	0
1	0	1	0	0
1	1	0	0	0
1	1	1	1	1

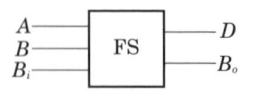

図 6.15　全減算器の図記号

表6.4の真理値表より論理式を求めると，式(6.8)に示すようになる．

$$\left. \begin{array}{l} D = \overline{A}\overline{B}B_i + \overline{A}B\overline{B_i} + A\overline{B}\overline{B_i} + ABB_i \\ B_o = \overline{A}\overline{B}B_i + \overline{A}B\overline{B_i} + \overline{A}BB_i + ABB_i \end{array} \right\} \quad \cdots\cdots\cdots\cdots\cdots\cdots\cdots (6.8)$$

これらの論理式に対して，3変数のカルノー図による簡単化を試みる．

図6.16に示すように，差 D については簡単化できないが，借り B_o については，式(6.9)のように簡単化できることがわかる．

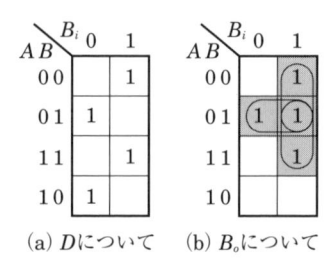

(a) D について　　(b) B_o について

図 6.16　全減算器についてのカルノー図

$$\left. \begin{array}{l} D = \overline{A}\overline{B}B_i + \overline{A}B\overline{B_i} + A\overline{B}\overline{B_i} + ABB_i \\ B_o = \overline{A}B + \overline{A}B_i + BB_i \end{array} \right\} \quad \cdots\cdots\cdots\cdots\cdots\cdots\cdots (6.9)$$

式(6.9)から，全減算器の回路を構成すると図6.17のようになる．

全減算器は，半減算器を用いて構成することができる．図6.18に，2個の半減算器を用いた全減算器の構成を示す．

(3) 加減算回路

2の補数を用いることで，減算を加算として計算できることは例題1.11で学んだ．図6.19で確認しよう．

図 6.17　全減算器の回路

図 6.18　半減算器による全減算器の構成

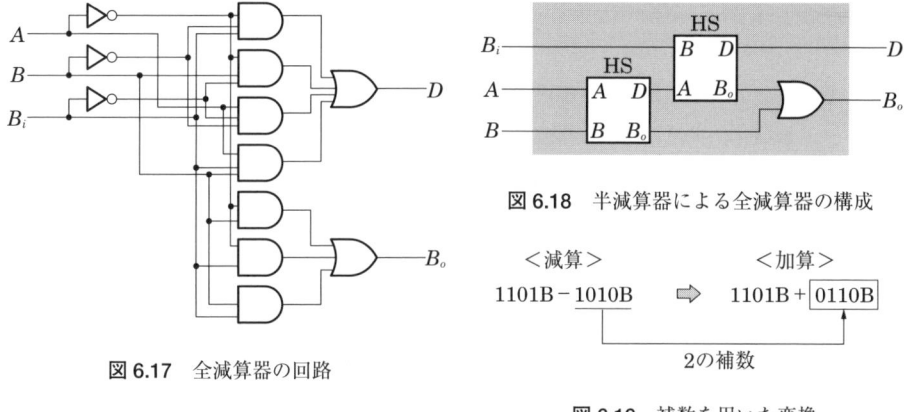

＜減算＞　　　　　　＜加算＞
1101B − 1010B　⇒　1101B + 0110B
　　　　　　　　　　　　2の補数

図 6.19　補数を用いた変換

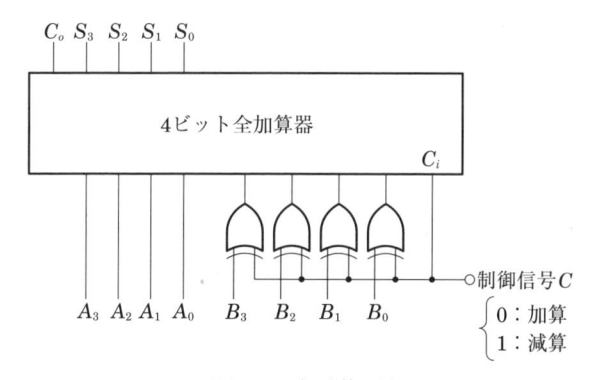

図 6.20　加減算回路

制御信号 C
$\begin{cases} 0：加算 \\ 1：減算 \end{cases}$

　このことを利用すると，加算器を使用して減算を行うことができる．図6.20に**加減算回路**と呼ばれる，加算と減算を切り替えて計算できる回路例を示す．
　この回路は，4ビットの全加算器を使用しており，制御信号Cが0の場合，入力B_0〜B_3はEX-OR演算によって値を変えないので通常の加算が行われる．一方，制御信号Cが1の場合，入力B_0〜B_3はEX-OR演算によって1の補数（NOT）となり，さらに$C_i = 1$が加算されるため2の補数となり，全加算器に入力される．したがって，$A_3A_2A_1A_0 - B_3B_2B_1B_0$の減算が実行されることになる．

6.2 減算回路

●演習問題6●

[1] 全加算器は，半加算器から構成できることを論理式により示しなさい．
[2] 全減算器は，半減算器から構成できることを論理式により示しなさい．
[3] 全加算器や全減算器は，組み合せ回路と順序回路のどちらに分類される回路か答えなさい．
[4] 図6.21を完成させて，4ビットの減算回路を構成しなさい．

$\begin{bmatrix} B_o & D \\ \text{FS} & \\ A\ B\ B_i \end{bmatrix}$ $\begin{bmatrix} B_o & D \\ \text{FS} & \\ A\ B\ B_i \end{bmatrix}$ $\begin{bmatrix} B_o & D \\ \text{FS} & \\ A\ B\ B_i \end{bmatrix}$ $\begin{bmatrix} B_o & D \\ \text{FS} & \\ A\ B\ B_i \end{bmatrix}$

図6.21　4ビットの減算回路

[5] 前問において，最上位ビット演算用の全減算器の出力 B_o が「1」になる場合について説明しなさい．
[6] 図6.22に示す回路は，どのような働きをするか説明しなさい．

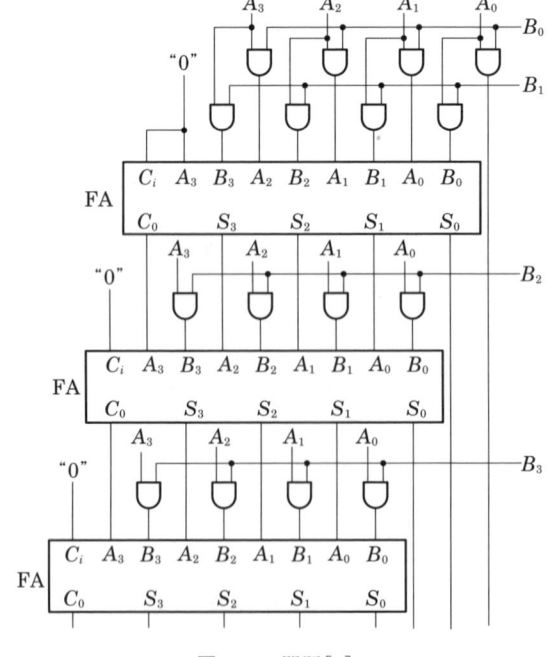

図6.22　問題[6]

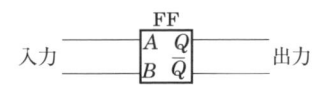

第7章
フリップフロップ1

フリップフロップ（flip-flop）とは，パタンパタンという音を意味する英語である．ビーチサンダルのこともフリップフロップと呼ばれる．ディジタル回路でいうフリップフロップとは，2つの安定状態を持ち，何かのきっかけで一方の安定状態から他方の安定状態に遷移する回路のことを指す．つまり，フリップフロップという言葉の由来と同様の動作をする回路である．この章では，代表的なフリップフロップであるRS-FFについて学ぼう．その他のフリップフロップや機能変換などについては，次章で学習する．

7.1　フリップフロップとは

　基本的なフリップフロップ（**FF**）は，図7.1に示すように，1本または2本の入力端子と2本の出力端子を持っている．この他，クロック端子やセット端子，リセット端子などの入力を有

図7.1　基本的なフリップフロップ

するフリップフロップもあるが，これらについては，必要に応じて説明する．フリップフロップは，2つの安定状態を持ち，ある入力に対応する一方の安定状態にある場合に，定められた入力をきっかけに他方の安定状態に**遷移**する．出力は，Qと$\overline{Q}$であるため，$Q = 1$なら$\overline{Q} = 0$となり，$Q = 0$なら$\overline{Q} = 1$となる．次の出力がどのようになるかは，入力に加えて，現在の回路状態を含めて考える必要がある．すなわち，フリップフロップは，順序回路である．

　また，定められた信号が入力されるまでは，現在の出力信号を保持していることから，フリップフロップを**記憶回路**（メモリ回路）と捉えることもできる．このことから，フリップフロップ1個を1ビットのレジスタ（置数器）として使用することができる．

7.2 RS-FF

(1) RS-FFの特性表

RSフリップフロップ（以下 RS-FF と呼ぶ）は，セット端子 S とリセット端子 R を入力とするフリップフロップであり，SR-FFと呼ばれることもある．図7.2に，RS-FFの図記号，表7.1に**特性表**を示す．これまで，組み合せ回路を扱った場合には真理値表を使用していた．しかし，順序回路では現在に加えて，以前の回路の状態，つまり時間的な関数を考慮する必要があるために，本書では真理値表とは区別した特性表を用いる．

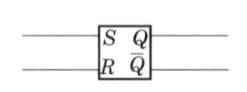

図7.2 RS-FFの図記号

表7.1 RS-FFの特性表

S	R	Q^{t+1}	$\overline{Q^{t+1}}$	動作
0	0	Q^t	$\overline{Q^t}$	保持
0	1	0	1	リセット
1	0	1	0	セット
1	1	×	×	禁止

表7.1では，現在の出力を Q^t，次の出力を Q^{t+1} で示している． $S=0, R=0$ を入力した場合には，それまでの出力が保持され， $S=0, R=1$ を入力した場合には， $Q^{t+1}=0$ のリセット動作， $S=1, R=0$ を入力した場合には， $Q^{t+1}=1$ のセット動作を行う．ただし，動作が不安定になるため， $S=1, R=1$ を入力することは禁止している．

(2) RS-FFの特性方程式

次に，回路の動作を表す**特性方程式**を求めてみよう．表7.1から， Q^{t+1} についての特性方程式を立てると，式(7.1)のようになる．

$$Q^{t+1} = \overline{S}\overline{R}Q^t + S\overline{R} + SR \quad \cdots\cdots\cdots (7.1)$$

ただし，RS-FFでは， $S=R=1$ を禁止しているため $SR=0$ である．したがって，式(7.1)の右辺第3項は0となる．式(7.1)を変形すると，式(7.2)が得られる．

$$Q^{t+1} = \overline{S}\overline{R}Q^t + S(\overline{R}+R)$$
$$= \overline{S}\overline{R}Q^t + S \quad \bigg\}\text{吸収の法則}$$
$$= S + \overline{R}Q^t \quad \cdots\cdots\cdots\cdots\cdots\cdots\cdots\cdots\cdots\cdots\cdots (7.2)$$

ただし，変形には，式(7.3)に示す吸収の法則（表2.3）を使用した．
$$\overline{A}B + A = A + B \quad \cdots\cdots\cdots\cdots\cdots\cdots\cdots\cdots\cdots\cdots\cdots\cdots\cdots\cdots (7.3)$$

(3) RS-FFの回路

式(7.2)を変形して，Q^{t+1}に関する式(7.4)を得る．
$$Q^{t+1} = S + \overline{R}Q^t$$
$$= \overline{\overline{S + \overline{R}Q^t}} \quad (\text{復元の法則})$$
$$= \overline{\overline{S}\cdot\overline{\overline{R}Q^t}} \quad (\text{ド・モルガンの定理}) \quad \cdots\cdots\cdots\cdots (7.4)$$

さらに，式(7.2)から，$\overline{Q^{t+1}}$に関する式(7.5)が得られる．
$$Q^{t+1} = S + \overline{R}Q^t$$
$$= S(R+\overline{R}) + \overline{R}Q^t \qquad (\text{補元の法則})$$
$$= \overline{R}(S+Q^t) + RS$$
$$= \overline{R}(S+Q^t) \qquad (RS = 0)$$
$$= \overline{\overline{\overline{R}(S+Q^t)}} \qquad (\text{復元の法則})$$
$$= \overline{R + \overline{(S+Q^t)}} \qquad (\text{ド・モルガンの定理})$$
$$\overline{Q^{t+1}} = R + \overline{(S+Q^t)}$$
$$= \overline{\overline{R + \overline{(S+Q^t)}}} \qquad (\text{復元の法則})$$
$$= \overline{\overline{R} \cdot \overline{\overline{S}\overline{Q^t}}} \qquad (\text{以下，ド・モルガンの定理})$$
$$= \overline{\overline{R}\cdot\overline{S}\cdot\overline{Q^t}} \quad \cdots\cdots\cdots\cdots\cdots\cdots\cdots\cdots\cdots\cdots\cdots\cdots (7.5)$$

式(7.4)と式(7.5)からそれぞれの論理回路を構成すると，図7.3，図7.4のようになる．

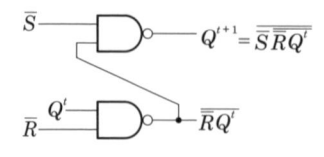

図7.3 式(7.4)より 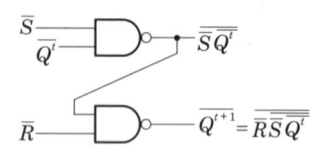　　　　　　図7.4 式(7.5)より

ここで，Q^t と Q^{t+1}，$\overline{Q^t}$ と $\overline{Q^{t+1}}$ は，同一の端子であることから，図7.3と図7.4を合成して，図7.5，図7.6に示すRS-FFの回路が得られる．

図7.6は，NANDを主にした回路であるが，これをNORに換えると，図7.7に示す回路となる．

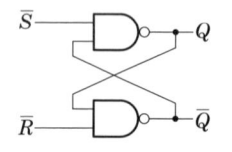

図7.5 式(7.4)と式(7.5)より 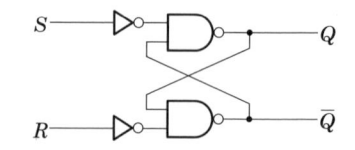　　　　　　図7.6 RS-FFの回路

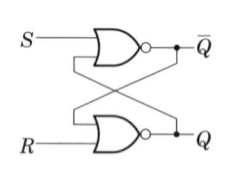

図7.7 NORを用いたRS-FF

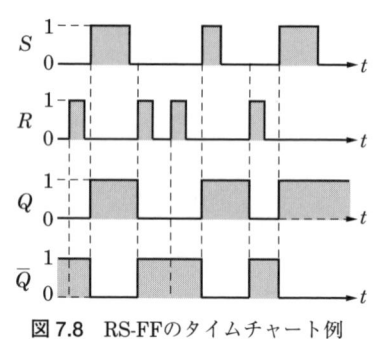

図7.8 RS-FFのタイムチャート例

論理回路の入出力の時間的な変化を表した図を**タイムチャート**（time chart）と呼ぶ．図7.8に，RS-FFのタイムチャート例を示す．

(4) **RS-FFの動作**

NANDを用いたRS-FF（図7.6）の回路から，その動作を確認してみよう．

RS-FFでは，各NANDの入力端子の1本が，他のNANDの出力端子に接続されている．したがって，はじめにNANDの出力信号を0か1のいずれかに仮

定して考えるとよい．

① $S=0, R=0$ の場合

● $Q=0$ と仮定する

図7.9(a)に示すように，$Q=0$ と仮定すると，IC_2 の出力は $\overline{Q}=1$ となり，それによって得られる IC_1 の出力は $Q=0$ となる．つまり，回路に矛盾は生じず，Q は元の値を保持している．

● $Q=1$ と仮定する

図7.9(b)に示すように，$Q=1$ と仮定すると，IC_2 の出力は $\overline{Q}=0$ となり，それによって得られる IC_1 の出力は $Q=1$ となる．つまり，この場合にも回路に矛盾は生じず，Q は元の値を保持している．

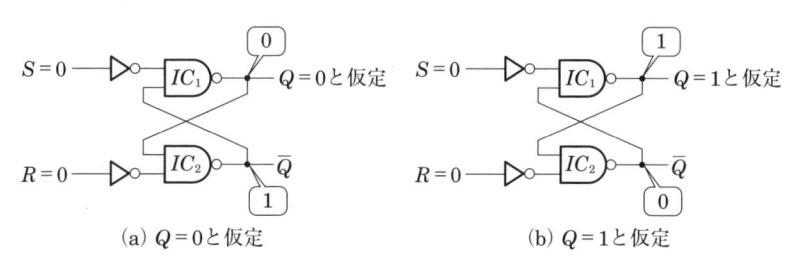

(a) $Q=0$ と仮定

(b) $Q=1$ と仮定

図7.9　$S=0, R=0$ の場合

② $S=0, R=1$ の場合

NANDでは，入力端子の少なくても1本に「0」が入力された場合には，出力は「1」となる．したがって，図7.10に示すように，IC_2 の出力は「1」に定まり，その結果，IC_1 の出力は「0」となる．これらの出力は，Q と $\overline{Q}$ の関係と矛盾しない．$Q=0$ にリセットされた状態である．

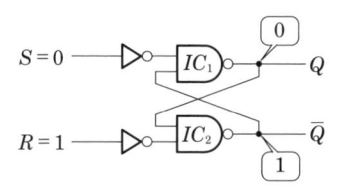

図7.10　$S=0, R=1$ の場合

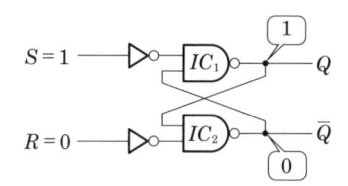

図7.11　$S=1, R=0$ の場合

7.2 RS-FF

③ $S = 1, R = 0$ の場合

図7.11に示すように，IC_1の出力は「1」に定まり，その結果IC_2の出力は「0」となる．これらの出力は，Qと$\overline{Q}$の関係と矛盾しない．$Q = 1$にセットされた状態である．

④ $S = 1, R = 1$ の場合

図7.12に示すように，各NANDの入力端子には「0」が加わるため，回路は，$Q = 1$，$\overline{Q} = 1$で安定する．この状態において，$S = 0, R = 0$が入力された場合を考えよう．このとき，仮にIC_1が先に動作した場合には$Q = 0$，$\overline{Q} = 1$となるが，IC_2が先に動作した場合には$Q = 1$，$\overline{Q} = 0$となる．どちらのICが先に動作するかは，入力を加えるタイミングやICの感度などに依存する．つまり，$S = 1, R = 1$の状態では，次の入力に対する動作が不安定となってしまう．このために，RS-FFでは$S = 1, R = 1$の入力を禁止している．

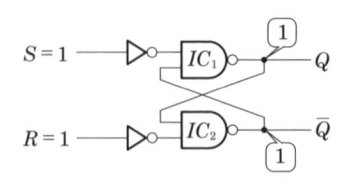

図7.12 $S = 1, R = 1$の場合

(5) その他のRS-FF

基本的なRS-FFでは，入力端子RとSを同時に「1」にすることは禁止されていた．しかし，これを可能にしたRS-FFがある．

● セット優先RS-FF

図7.13に示す，**セット優先RS-FF**は，入力端子RとSを同時に「1」にした場合に，端子Sへの入力が優先されて，$Q = 1$を出力する．

● リセット優先RS-FF

図7.14に示す，**リセット優先RS-FF**は，入力端子RとSを同時に「1」にした場合に，端子Rへの入力が優先されて，$Q = 0$を出力する．

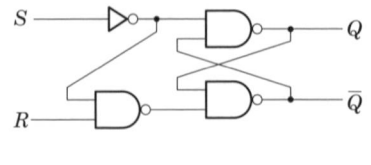

図7.13 セット優先RS-FF

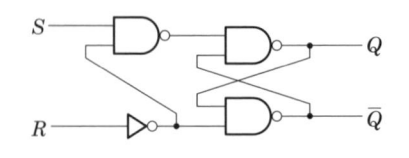

図7.14 リセット優先RS-FF

(6) RS-FFの応用例

図7.15(a)のデータ入力回路は，押しボタンスイッチSWをONにした場合に，端子Aに「1」が入力されることを期待したものである．ところが，機械式スイッチは，スイッチを押した瞬間に接触が安定するわけではない．実際には，接触面の凹凸によって何度もONとOFFを繰り返した後に安定するため，端子Aの波形は図7.15(b)のようになってしまう．この現象を**チャタリング**（chattering）といい，スイッチによって異なるが，おおよそ数msの接触不安定時間がある．

(a) データ入力回路　　(b) 端子Aの波形

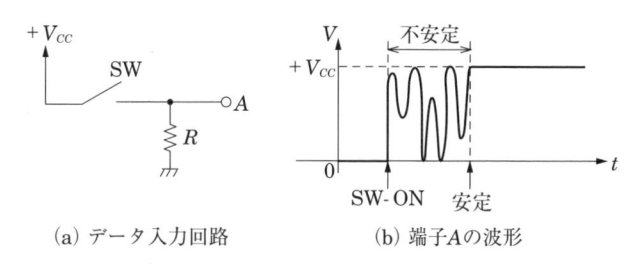

図7.15 チャタリングの例

チャタリングは，ディジタル回路において誤動作の発生原因となってしまう．

図7.16に，RS-FFを用いたチャタリング防止回路を示す．この回路では，スイッチSWを端子S側に入れた瞬間にRS-FFがセットされる．その後，SWでチャタリングが発生して接触面がOFFに

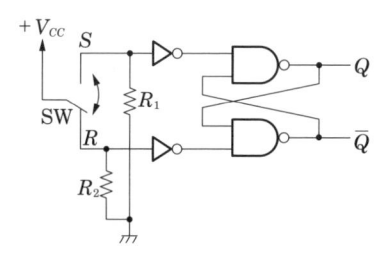

図7.16 RS-FFによるチャタリング防止回路

なったとしても，端子SとRが「0」となり，出力Qは保持されるため，$Q = 1$で安定している．

また，SWを端子R側に入れれば，その瞬間に$Q = 0$となり安定する．

7.3 非同期式順序回路と同期式順序回路

論理回路では，スイッチング特性や伝搬遅延時間などの影響で，入力が行われ

てから出力が得られるまでに，ある程度の時間を要する（第4章の37ページ参照）．したがって，「現在」の回路に「次」の入力を行う場合には，現在の回路の動作がすべて終了していることが条件となる．これ以前に，次の入力を行うと，誤動作の原因ともなりかねない．これまで説明したRS-FFでは，次の入力を加えるまでの時間を，その都度，適当に決めて動作させていると考えることができる．このような方式で動作させる順序回路を**非同期式順序回路**（asynchronous sequential circuit）という．非同期式順序回路では，現在の動作を終えた後に，すぐに次の入力を与えることができるため，この点からは時間的な無駄がない．一方，用意した入力信号を，ある一定の間隔ごとに回路に与えて動作させる順序回路を**同期式順序回路**（synchronous sequential circuit）という．同期式順序回路では，複数の順序回路を用いている場合に，最も動作の遅い回路に合わせたタイミングで次の入力を与えることになるが，回路全体を一斉にかつ規則的に動作させることが可能である．

図7.17により，このことを確認しよう．図7.17(a)の非同期式では，順序回路1と順序回路2を同時に動作（動作1）させることができるが，順序回路3の動作（動作2）は，動作1の後に行うことになる．一方，図7.17(b)の同期式は，3個の順序回路を同時に動作（動作1）させる方式である．

したがって，はじめに各順序回路用に3組の入力を用意したとしても，同期式と非同期式では，順序回路3への入力信号が異なる．非同期式では順序回路1と2の次の出力が順序回路3への入力信号となるが，同期式では現在の順序回路1と2の出力信号が順序回路3への入力信号となる．

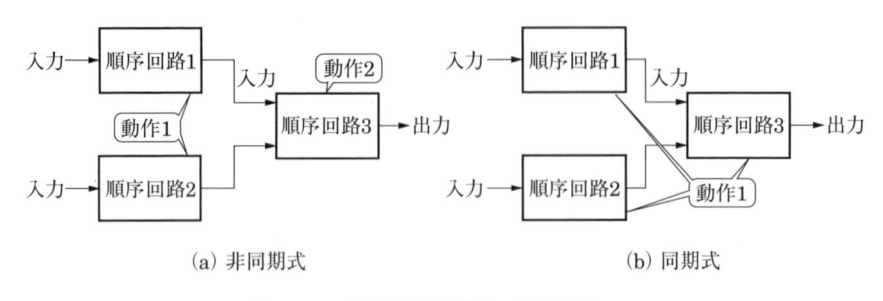

(a) 非同期式　　　　　　　　(b) 同期式

図 7.17　非同期式と同期式の順序回路

同期式順序回路では，各回路を一斉に動作させるために，**クロック**（clock）と呼ばれる信号を使用する．

例えば，RS-FFでは，図7.18に示すようなクロック入力端子を持つ型がある．このRS-FFは，クロック入力端子C_Pが1になった場合に端子SとRからの入力を取り込んで動作する．

同期式FFでは，図7.19に示すように，クロック信号のどのタイミングで動作するかによって4種類の型に分類できる．正論理型と負論理型は，ある程度の時間範囲で動作するのに対して，**ポジティブエッジ型**と**ネガティブエッジ型**は，**エッジトリガ型**とよばれ動作のタイミングが一瞬である．また，ポジティブエッジは**アップエッジ**，ネガティブエッジは**ダウンエッジ**と呼ばれることもある．

図7.20に，ネガティブエッジ型のRS-FFの図記号とタイムチャート例を示すので動作を確認しよう．

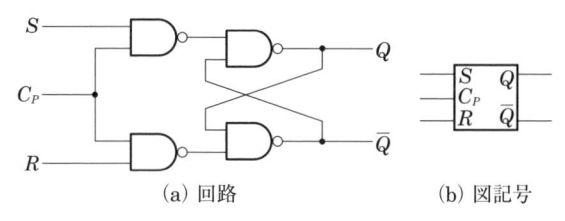

図7.18　クロック入力端子付RS-FF

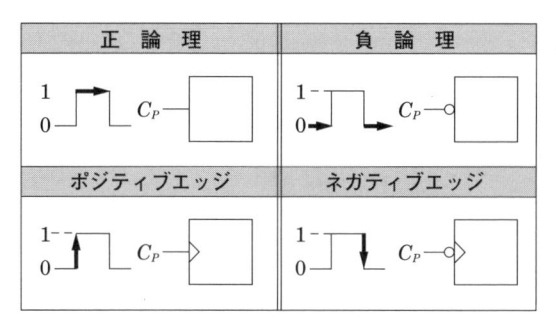

図7.19　同期式FFの動作タイミングと図記号

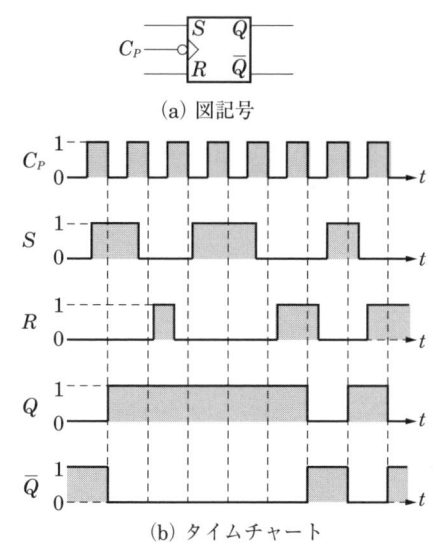

図7.20　ネガティブエッジ型RS-FF

7.3 非同期式順序回路と同期式順序回路　　69

● 演習問題 7 ●

[1] RS-FF では，2 つの入力端子を同時に「1」にすることを禁止している．この理由を説明しなさい．

[2] 式 (7.6) は，図 7.21 に示す NOR を用いた RS-FF の特性方程式である．この式が式 (7.2) と等価であることを示せ．

$$\left.\begin{array}{l} Q^{t+1} = \overline{R + \overline{S + Q^t}} \\ \overline{Q^{t+1}} = \overline{S + \overline{R + \overline{Q^t}}} \end{array}\right\} \quad (7.6)$$

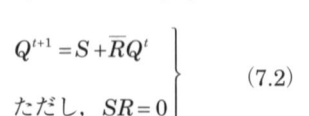

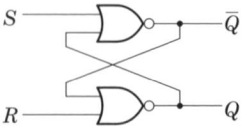

$$\left.\begin{array}{l} Q^{t+1} = S + \overline{R} Q^t \\ \text{ただし，} SR = 0 \end{array}\right\} \quad (7.2)$$

図 7.21　NOR による RS-FF

[3] 表 7.2 は，セット優先 RS-FF の特性表である．
① 表 7.2 を参考にして，図 7.22 のカルノー図を完成しなさい．
② 完成した図 7.22 から，特性方程式を求めなさい．

表 7.2　特性表

Q^t	R	S	Q^{t+1}
0	0	0	0
0	0	1	1
0	1	0	0
0	1	1	1
1	0	0	1
1	0	1	1
1	1	0	0
1	1	1	1

図 7.22　カルノー図

[4] 図 7.23 に示す回路はどのような働きをするか説明しなさい．

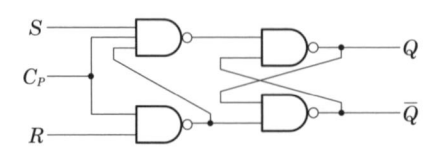

図 7.23　演習問題 [4] の回路

[5] RS-FF が機械式スイッチのチャタリング防止に応用できる理由を説明しなさい．

第8章
フリップフロップ2

前章では，RS-FFの動作や応用回路について学んだ．この章では，その他のFFとして，JK-FF，D-FF，T-FFの動作について説明する．RS-FFと同様に特性表を理解し，そこから特性方程式を導けるようになろう．これらのFFは，第10章，第11章で学ぶカウンタ回路の基礎ともなる．さらに，章の後半では，あるFFを用いて他の機能を持つFFを構成する方法や，シフトレジスタの動作などについて学ぼう．

8.1 JK-FF

(1) JK-FFの特性表

基本的なRS-FFでは，入力SとRを同時に「1」にすることは禁止されていた．**JK-FF**は，この欠点を解決したものであり，2つの入力JとKを同時に「1」にすると，出力Qが**反転**（**トグル**：toggle）する．

また，JK-FFの入力端子J, Kは，それぞれRS-FFの入力端子S, Rに対応する．図8.1にJK-FFの図記号，表8.1に特性表を示す．表8.1では，現在の出力をQ^t，次の出力をQ^{t+1}で示している．

(2) JK-FFの特性方程式

JK-FFの動作を表す特性方程式を求めてみよう．表8.1から，Q^{t+1}について，

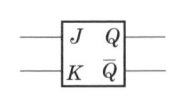

図 8.1　JK-FFの図記号

表 8.1　JK-FFの特性表

J	K	Q^{t+1}	$\overline{Q^{t+1}}$	動作
0	0	Q^t	$\overline{Q^t}$	保持
0	1	0	1	リセット
1	0	1	0	セット
1	1	$\overline{Q^t}$	Q^t	反転

加法標準形の論理式を求めると，式(8.1)のようになる．

$$Q^{t+1} = \overline{J}\,\overline{K}Q^t + J\overline{K} + JK\overline{Q^t} \quad \cdots\cdots\cdots\cdots\cdots\cdots\cdots\cdots (8.1)$$

式(8.1)を変形すると，式(8.2)のような特性方程式が得られる．

$$Q^{t+1} = \overline{J}\,\overline{K}Q^t + J\overline{K}\left(Q^t + \overline{Q^t}\right) + JK\overline{Q^t} \quad (補元の法則)$$

$$= \overline{K}Q^t\left(\overline{J} + J\right) + J\overline{Q^t}\left(\overline{K} + K\right)$$

$$= \overline{K}Q^t + J\overline{Q^t} \quad \cdots\cdots\cdots\cdots\cdots\cdots\cdots\cdots (8.2)$$

(3) JK-FFの回路

図8.2に，クロック端子付きJK-FFの図記号と回路図を示す．この回路では，クロック端子C_Pが「1」のときに，入力J, Kのデータを読み込み，それに対応するQと$\overline{Q}$を出力する．図8.2(b)には，RS-FFと同じ回路を含んでいる．

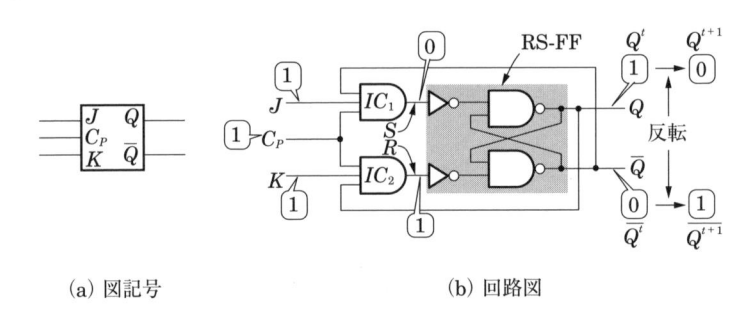

(a) 図記号　　　　　　　　(b) 回路図

図8.2　クロック端子付JK-FF

図8.2(b)によって，この回路の動作を考えてみよう．入力$J = K = 1$，出力$Q^t = 1$のときに有効なクロックパルス（$C_P = 1$）が瞬間的に入力されたとする．この場合，IC_1の入力は「011」となり端子Sは「0」，IC_2の入力は「111」となり端子Rは「1」となる．つまり，RS-FF部のリセット動作によってQ^{t+1}は「0」となり結果的にQ^tを反転した出力となる．

入力$J = K = 1$，出力$Q^t = 0$のときも同様に考えると，RS-FF部のセット動作によってQ^{t+1}は，「0」→「1」に反転することがわかる．

(4) マスタスレーブ型JK-FF

図8.2(b)を用いたJK-FFの動作説明では，「有効なクロックパルス（$C_P = 1$）

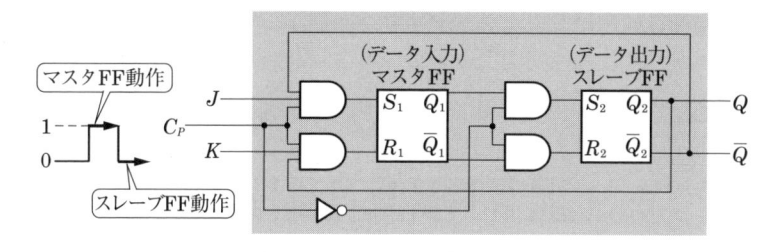

図 8.3　マスタスレーブ型 JK-FF

が瞬間的に入力された場合」とし，JK-FFの動作は，一度だけであると考えた．しかし，実際の回路においては，有効なクロックパルスが入力されている時間は，たとえ短くても，ある時間範囲に及んでいるために，クロックパルスが有効な間中，出力信号が入力側へ戻りJK-FFは動作を繰り返す．したがって，回路は発振し，出力 Q と $\overline{Q}$ は，不安定なものとなってしまう．

動作を安定させるために，一般的なJK-FFは，図8.3に示す**マスタスレーブ**（masterslave）**型**と呼ばれる構成になっている．

マスタスレーブ型FFでは，2つのFFの動作タイミングをずらすことによって，1個のクロックパルスで，回路全体として1回の動作を行うようにしている．

(5) その他のJK-FF

図8.4に，各種のJK-FFの図記号を示す．セット（プリセット）端子やリセット（クリア）端子を備えたFFでは，他の入力端子からのデータにかかわらず強制的にセットやリセット動作を行うことができる**非同期セット，リセット型**と

(a) ポジティブエッジ型　(b) ネガティブエッジ型　(c) セット・リセット端子付

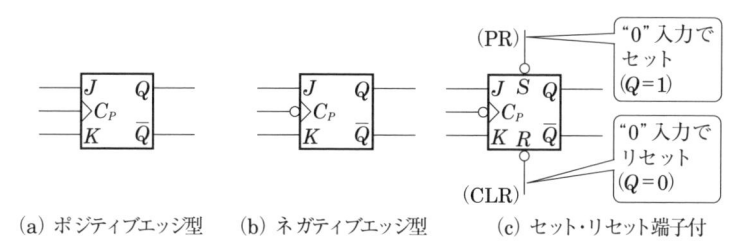

図 8.4　各種JK-FFの図記号

クロックパルスに同期してセットやリセット動作を行う**同期セット，リセット型**がある．

図8.5に示すJK-FFのタイムチャート例で動作を確認しよう．

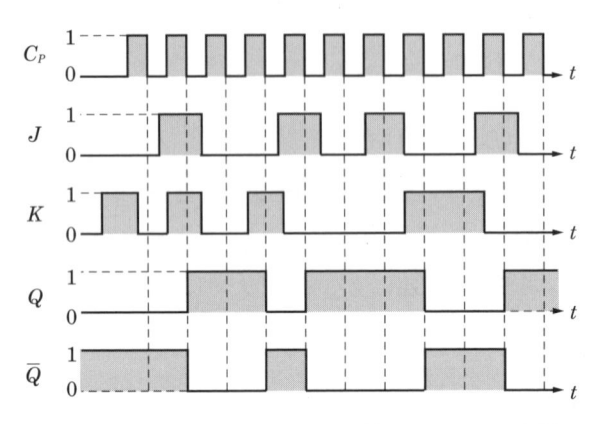

図8.5 JK-FFのタイムチャート例（ネガティブエッジ型）

> コラム
>
> J，Kの記号の由来については，JK-FFの各端子をJack（愛称の他に，男という意味もある），King（王），Queen（女王）として，「JackとKingがQueenを取り合う」と見立てたという説がある．

8.2 D-FF

(1) D-FFの特性表

D-FFは，有効なクロックパルスが入力されたときに，入力端子Dからデータを取り込んで，出力端子Qへ出力する．複数の入力端子からのデータの組み合わせによって動作するFFとは異なり，入力データをそのまま出力するのである．出力のタイミングは，入力データがセットされた後のクロックパルスに同期しているので，delay（遅れ）の頭文字をとった記号が名称に使われている．図8.6にD-FFの図記号，表8.2に特性表を示す．

表 8.2 　D-FF の特性表

C_P	Q^t	D	Q^{t+1}
0	0	0	0
0	0	1	0
0	1	0	1
0	1	1	1
1	0	0	0
1	0	1	1
1	1	0	0
1	1	1	1

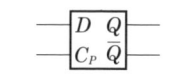

図 8.6 　D-FF の図記号

(2) D-FF の特性方程式

D-FF の動作を表す特性方程式を求めてみよう．表 8.2 から，Q^{t+1} について，加法標準形の論理式を求めると，式 (8.3) のようになる．

$$Q^{t+1} = \overline{C_P}Q^t\overline{D} + \overline{C_P}Q^tD + C_P\overline{Q^t}D + C_PQ^tD \quad \cdots\cdots (8.3)$$

式 (8.3) を変形すると，式 (8.4) のような特性方程式が得られる．

$$Q^{t+1} = \overline{C_P}Q^t + C_PD \quad \cdots\cdots (8.4)$$

(3) D-FF の回路

図 8.7 に，D-FF の回路を示す．RS-FF の端子 S に入力 D，端子 R に入力 D の位相反転させたデータを加えて，クロックパルス C_P に同期した出力が得られるようになっている．

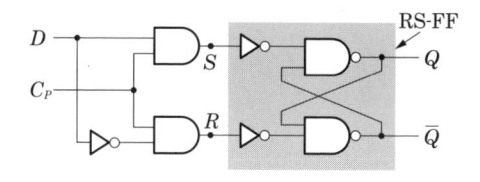

図 8.7 　D-FF の回路

D-FF にも，エッジトリガ型やセット・リセット端子を備えた型がある．図 8.8 にクロックパルス C_P のネガティブエッジで動作する D-FF のタイムチャート例を示すので，動作を確認しよう．エッジトリガ型 D-FF の回路構成については，演習問題 8 [4] を参照されたい．

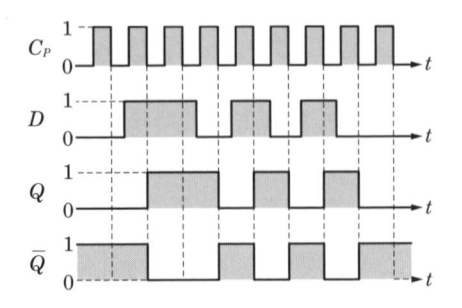

図8.8　D-FFのタイムチャート例（ネガティブエッジ型）

8.3　T-FF

（1）T-FFの特性表

T-FFは，入力端子Tに有効なパルスが入力されるたびに，出力Qを反転する．Tは，反転（トグル：toggle），またはきっかけ（トリガ：trigger）という意味に由来している．図8.9にT-FFの図記号，表8.3に特性表を示す．

表8.3　T-FFの特性表

Q^t	T	Q^{t+1}
0	0	0
0	1	1
1	0	1
1	1	0

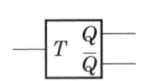

図8.9　T-FFの図記号

（2）T-FFの特性方程式

表8.3から，Q^{t+1}について，加法標準形の論理式を求めると，式(8.5)のようになる．この式は，これ以上簡単化することはできない．

$$Q^{t+1} = \overline{Q^t}T + Q^t\overline{T} \quad \cdots\cdots (8.5)$$

（3）T-FFの回路

図8.10にT-FFの回路，図8.11にそのタイムチャートを示す．他のFFと同様，回路にRS-FFを含んでおり，RS-FFの出力を入力側に帰還する構成となっている．T-FFでは，入力Tに加えるクロックパルスによってエッジトリガ型の動作をさせるものが多い．

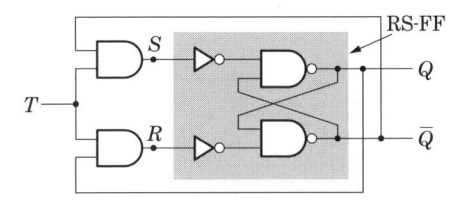

図 8.10 T-FF の回路

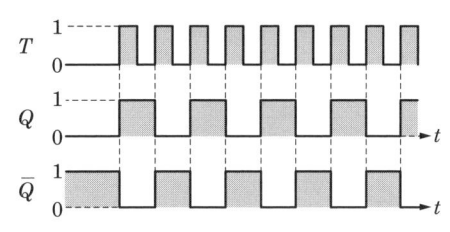

図 8.11 T-FF のタイムチャート例（ポジティブエッジ型）

8.4 FFの機能変換

あるFFを用いて，他種FFの機能を実現することを，**FFの機能変換**という．

(1) RS-FFによるD-FFの構成

RS-FFとD-FFにおいて，表8.4に示す**励起表**を考える．励起表とは，FFの現在の出力 Q^t が次の出力 Q^{t+1} に遷移するためには，入力端子のデータをどのようにしておく必要があるかを示すものである．励起表を基に，端子 S と R についてのカルノー図を書くと図8.12のようになり，$S = D$，$R = \overline{D}$ が得られる．したがって，図8.13のように，RS-FFを用いてD-FFを構成することができる．

(2) RS-FFによるJK-FFの構成

表8.5に示す励起表から，図8.14のカルノー図を書くと，$S = J\overline{Q^t}$，$R = KQ^t$ が得られる．これより，図8.15のように，RS-FFを用いてJK-FFを構成することができる．

表 8.4 D-FF，RS-FFの励起表

Q^t	Q^{t+1}	D	S	R
0	0	0	0	ϕ
0	1	1	1	0
1	0	0	0	1
1	1	1	ϕ	0

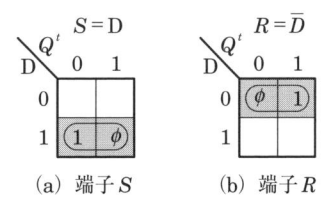

ϕ は，0, 1のどちらでもよい（ドント・ケア don't care）

図 8.12 端子 S, R のカルノー図

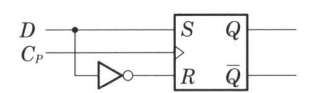

図 8.13 RS-FFによるD-FFの構成

表 8.5 JK-FF，RS-FFの励起表

Q^t	Q^{t+1}	J	K	S	R
0	0	0	ϕ	0	ϕ
0	1	1	ϕ	1	0
1	0	ϕ	1	0	1
1	1	ϕ	0	ϕ	0

(a) 端子 S　　(b) 端子 R

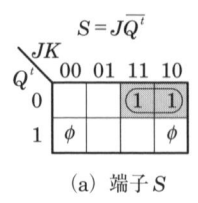

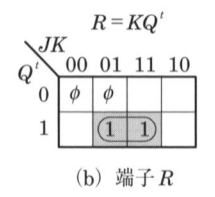

図 8.14　端子 S, R のカルノー図

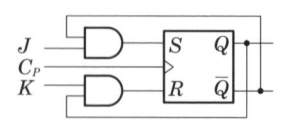

図 8.15　RS-FF による JK-FF の構成

8.5　シフトレジスタ

複数の FF を**縦続接続**（**カスケード接続**）して，クロックパルスが入力されるたびに各 FF のデータを隣の FF に移していく回路を**シフトレジスタ**（shift register）という．図 8.16 に D-FF を用いた 3 ビットのシフトレジスタ回路，図 8.17 にそのタイムチャートを示す．

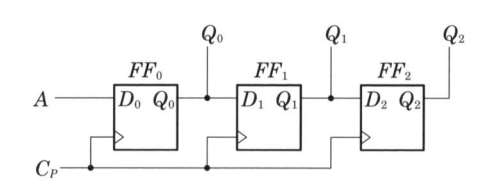

図 8.16　シフトレジスタ回路

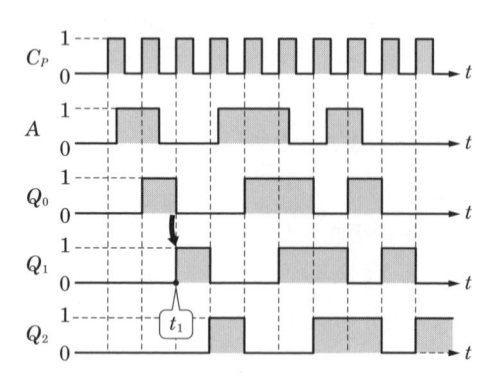

図 8.17　タイムチャート

入力Aからのデータは，クロックパルスC_PのポジティブエッジでFF_0に取り込まれ，その後に入力されるクロックパルスに同期して，FF_1，FF_2へとシフトしていく．図8.17のタイムチャートで，時刻t_1での動作に注目しよう．時刻t_1では，FF_0の出力Q_0がFF_1の入力D_1に取り込まれる．ここで，D_1に取り込まれるデータは，時刻t_1になった瞬間の出力Q_0の値である．したがって，実際には，時刻t_1の直前に出力Q_0が保持していたデータ（図8.17の矢印参照）となる．

シフトレジスタでは，クロックパルスごとにデータを移動していきたい．しかし，例えば，正論理で動作するFFを用いてシフトレジスタを構成すると，1個のクロックパルスが「1」の間にデータが次々とシフトしてしまう．この現象は，**レーシング**（racing）と呼ばれる．レーシングを防ぐためには，エッジトリガ型やマスタスレーブ型のFFを使用するとよい．

図8.16のシフトレジスタでは，入力した直列（シリアル）データを出力から並列（パラレル）に取り出せるので，直列－並列変換を行ったことになる．また，回路を工夫して，各FFにデータを並列にセットした後，シフト操作によって最後段のFFから出力を取り出せば，並列－直列変換を行える（演習問題8［7］参照）．

● 演習問題8 ●

[1] セット優先 RS-FF と JK-FF の動作を比較して説明しなさい．
[2] JK-FF の特性方程式は，次式で表せることを示しなさい．
$$Q^{t+1} = \overline{K}Q^t + J\overline{Q^t}$$
[3] マスタスレーブ型 FF とは，どのような構成になっているか．また，その動作について説明しなさい．
[4] 図8.18は，エッジトリガ型 D-FF の回路である．この回路の動作を説明しなさい．
[5] JK-FF を用いて T-FF を構成したい．励起表とカルノー図から回路を導きなさい．
[6] JK-FF を用いて D-FF を構成したい．励起表とカルノー図から回路を導きなさい．

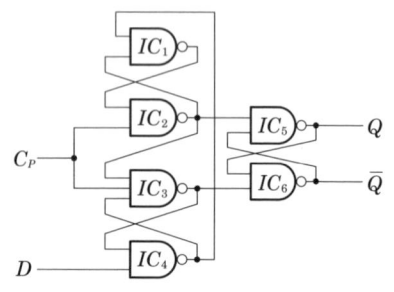

図 8.18 エッジトリガ型 D-FF

[7] 図8.19は，並列一直列変換を行う4ビットのシフトレジスタ回路とそのタイムチャートである．タイムチャートで，Q_3の波形を記入しなさい．ただし，FFは非同期セット，リセット型であるものとする．

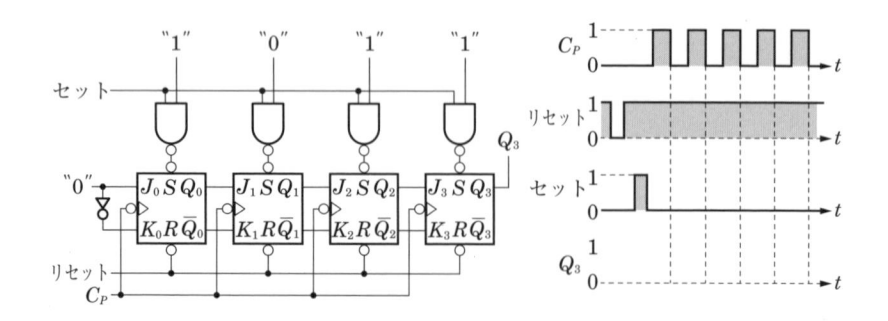

図 8.19 4ビットシフトレジスタとタイムチャート

第9章
順序回路の表現

これまでに学んだフリップフロップは，順序回路の一種である．この章では，順序回路の表現方法について学ぼう．はじめに，順序回路の構成を確認しよう．次に，順序回路の動作や回路を表現する方法である状態遷移表と状態遷移図について説明する．その後，実際にいくつかの順序回路を取り上げるので，状態遷移表や状態遷移図を用いた表現方法などを検討しよう．

9.1 順序回路の構成

順序回路は，図9.1(a)に示すように，入力と，そのときの回路の状態によって，出力を決める回路である．図9.1(a)を，さらに詳しく示すと図9.1(b)のように，組み合せ回路と記憶回路から構成されていると考えられる．つまり，時刻tにおける入力$x(t)$と回路の状態$s(t)$によって出力$z(t)$が決まるのである．回路の状態を表す記号 s は，state（状態）から取った．図9.1(b)の記憶回路は，以前の状態を保持しているものであるから**遅延回路**と呼ばれることもあり，フリップフロップ（以下，FFと呼ぶ）などを使用することができる．また，図9.1のように，ある入力に対して自動的な処理を行い，出力を決める機械を**オートマトン**（automaton）という．さらに，本書で扱うように，取り得る入出力や回路

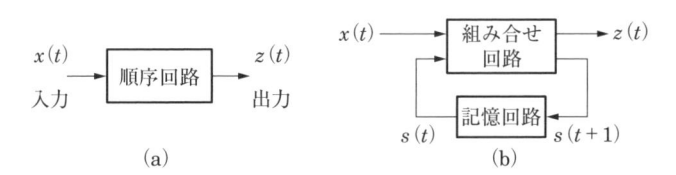

図 9.1 順序回路の構成

の状態が有限個であるものを**有限オートマトン**（finite automaton：発音に注意 fɑ́ınɑit）という．

9.2 順序回路の表し方

(1) 状態遷移表

順序回路の例として，100円玉を3枚投入すると商品が出てくる自動販売機を考えよう．100円玉を1枚入力する場合を「1」，入力しない場合を「0」で表す．また，商品が出てくる場合を「1」，出てこない場合を「0」とし，自動販売機の内部状態を表9.1のように定義する．このとき，入力の系列が「0101101101…」だとすると，自動販売機の動作は表9.2のようになる．例えば，内部状態s_2は，100円玉が2枚入力されている状態であり，この状態からさらにもう1枚の硬貨が入力されれば，商品を出して内部状態s_3に遷移する．

表 9.1　内部状態

記号	状　態
s_0	100円玉0枚
s_1	100円玉1枚
s_2	100円玉2枚
s_3	100円玉3枚

表 9.2　自動販売機の動作

入力	0	1	0	1	1	0	1	1	0	1	…
内部状態	s_0	s_1	s_1	(s_2)	s_3	s_0	s_1	s_2	s_2	s_3	…
出力	0	0	0	0	1	0	0	0	0	1	…

つまり，この自動販売機は，入力に加えて，これまでに何枚の硬貨が入力されているかという内部状態を含めて出力が決まる順序回路であると考えられる．

表9.3は，表9.2に示した自動販売機の動作を表したものであり，このような表を**状態遷移表** (state transition table) と呼ぶ．この状態遷移表において，「s/z」とは，「遷移後の内部状態／出力」を示す．例えば，現在の内部状態がs_0のとき（表の1行目），入力が「0」ならば，出力は「0」で内部状態はs_0のままである．また，入力が

表 9.3　自動販売機の状態遷移表

現在状態	入力	
	0	1
s_0	s_0/0	s_1/0
s_1	s_1/0	s_2/0
s_2	s_2/0	s_3/1
s_3	s_0/0	s_1/0

「1」ならば，内部状態はs_1に遷移し出力は「0」となる．

(2) 状態遷移図

図9.2は，表9.3を視覚的に表現したものであり，このような図を**状態遷移図**（state transition diagram）と呼ぶ．この状態遷移図において，円の中の記号は内部状態，「x/z」は「入力／出力」，矢印は遷移を示す．例えば，現在の内部状態がs_0のとき（図の右上），入力が「0」ならば，出力は「0」で内部状態はs_0のままである．また，入力が「1」ならば，出力は「0」で内部状態はs_1に遷移する．

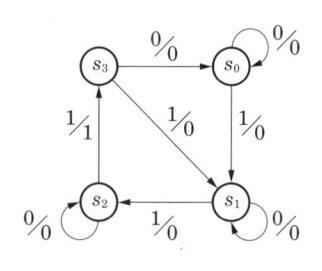

図9.2 自動販売機の状態遷移図

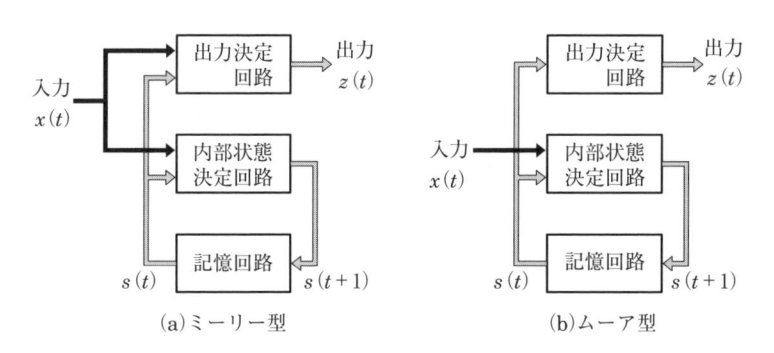

(3) 順序回路のモデル

順序回路のモデルは，図9.3に示すように**ミーリー型**（Mealy-type）と**ムーア型**（Moore-type）の2種類に大別することができる．

(a) ミーリー型   (b) ムーア型

図9.3 順序回路のモデル

ミーリー型は，現在の入力$x(t)$と現在の内部状態$s(t)$によって出力$z(t)$が決まる順序回路である．一方，ムーア型は，現在の内部状態$s(t)$のみによって出力$z(t)$が決まる順序回路である．

ミーリー型順序回路の動作は，出力関数をδ，状態遷移関数をσとすると，式(9.1)のように表すことができる．

9.2 順序回路の表し方　83

$$\left.\begin{array}{l} z(t) = \delta(x(t), s(t)) \\ s(t+1) = \sigma(x(t), s(t)) \end{array}\right\} \cdots\cdots\cdots\cdots\cdots\cdots\cdots\cdots\cdots\cdots\cdots\cdots (9.1)$$

また，ムーア型順序回路の動作は，式(9.2)のようになる．

$$\left.\begin{array}{l} z(t) = \delta(s(t)) \\ s(t+1) = \sigma(x(t), s(t)) \end{array}\right\} \cdots\cdots\cdots\cdots\cdots\cdots\cdots\cdots\cdots\cdots\cdots\cdots (9.2)$$

つまり，別の捉え方をすれば，ミーリー型は入力が与えられると出力を出して内部状態を遷移するが（図9.4(a)），ムーア型は入力が与えられると内部状態を遷移して出力を出す（図9.4(b)）と考えることもできる．

(a) ミーリー型　　(b) ムーア型

図 9.4　状態遷移図の違い

表9.3の状態遷移表と図9.2の状態遷移図は，自動販売機をミーリー型の順序回路として捉えた場合の表記法であったが，これらをムーア型で捉えると，それぞれ表9.4(b)，図9.5(b) のようになる．なお，比較が行えるように表9.4(a)，図9.5(a)にミーリー型順序回路の表記を併記した．

表 9.4　自動販売機の状態遷移表の比較

(a) ミーリー型

現在状態	入力	
	0	1
s_0	$s_0/0$	$s_1/0$
s_1	$s_1/0$	$s_2/0$
s_2	$s_2/0$	$s_3/1$
s_3	$s_0/0$	$s_1/0$

(b) ムーア型

現在状態	入力		出力	
	0	1	入力	
			0	1
s_0	s_0	s_1	0	0
s_1	s_1	s_2	0	0
s_2	s_2	s_3	0	1
s_3	s_0	s_1	0	0

順序回路をどちらの型で捉えたほうがよいかは，ケース・バイ・ケースであるが，一般的にはミーリー型のほうが状態遷移図は簡単になることが多い（(4)モデルの変換を参照）．一方，ムーア型は，入力と内部状態によって出力を決める

(a) ミーリー型   (b) ムーア型

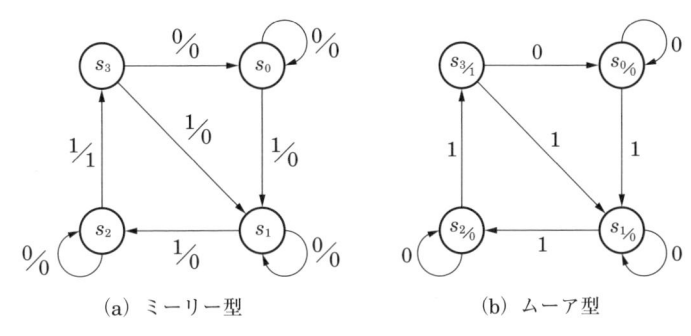

図 9.5　自動販売機の状態遷移図の比較

ための組み合せ回路がないので高速に動作する．

(4) モデルの変換

　図 9.5 に示した例では，ミーリー型とムーア型は同じような形の状態遷移図で表現できた．これは，前の自動販売機の例では，内部状態と出力値が 1 対 1 に対応していたためである．しかし，遷移先の内部状態が同じであるにもかかわらず，出力値が異なる場合には，ムーア型では，内部状態の数を増加させる必要が生じる．ここでは，その具体例をみてみよう．

　表 9.5 のミーリー型の状態遷移表で表される順序回路を考える．この順序回路をミーリー型の状態遷移表で表現すると図 9.6 に示すようになる．

表 9.5　ミーリー型状態遷移表

現在状態	入力	
	0	1
s_0	$s_0/0$	$s_1/0$
s_1	$s_1/0$	$s_2/0$
s_2	$s_0/0$	$s_2/1$

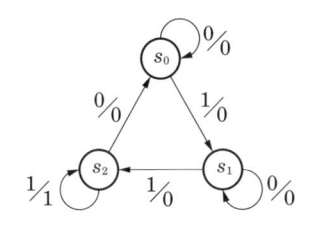

図 9.6　ミーリー型状態遷移図

　図 9.6 において，内部状態 s_2 へは，s_1 から出力「0」で遷移する場合と，s_2 自身から出力「1」で遷移する場合がある．したがって，このままムーア型で表現することはできない．この順序回路をムーア型で表現するためには，内部状態 s_2 を

9.2 順序回路の表し方

2つに分割して，出力が「0」と「1」の両方の場合に対応できるようにする必要がある．

図9.7(a)は図9.6の内部状態s_2にかかわる部分を取り出したものであり，図9.7(b)はs_2を出力が「0」で遷移してくるs_{20}と出力が「1」で遷移してくるs_{21}に分割して表示したものである．

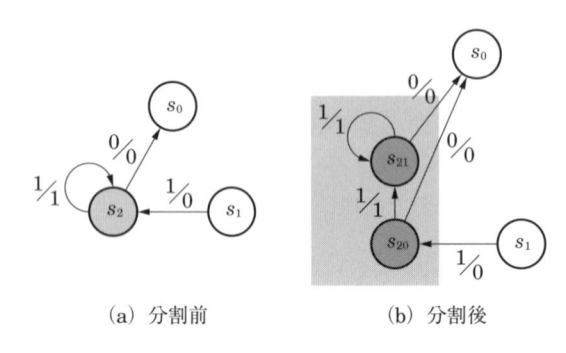

(a) 分割前　　　　(b) 分割後

図 9.7　内部状態 s_2 の分割

図9.7をムーア型の状態遷移表で表すと，表9.6にようになる．

これより，図9.8に示す状態遷移図が得られる．このように，順序回路によっては，ムーア型で状態遷移図を表すと，ミーリー型に比べて内部状態を増加する必要が生じることがある．

表 9.6　ムーア型状態遷移表

現在	入力		出力	
状態	0	1	入力	
			0	1
s_0	s_0	s_1	0	0
s_1	s_1	s_{20}	0	0
s_{20}	s_0	s_{21}	0	1
s_{21}	s_0	s_{21}	0	1

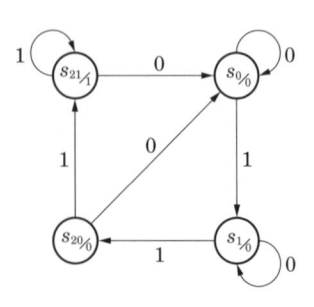

図 9.8　ムーア型状態遷移図

9.3 各種の順序回路

ここでは，実際の順序回路を状態遷移表や状態遷移図によって表してみよう．モデルは，ミーリー型を使用する．

① RS-FF

表9.7にRS-FFの状態遷移表，図9.9に状態遷移図を示す．表において，現在の状態s_0はRS-FFの出力$Q=0$の状態，s_1は$Q=1$の状態を示している．

表9.7 RS-FFの状態遷移表

現在の状態 入力	SR			
	00	01	10	11
s_0 ($Q=0$)	$s_0/0$	$s_0/0$	$s_1/1$	禁止
s_1 ($Q=1$)	$s_1/1$	$s_0/0$	$s_1/1$	禁止

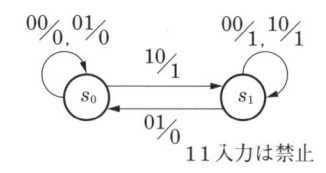

図9.9 RS-FFの状態遷移図

11入力は禁止

② JK-FF

表9.8にJK-FFの状態遷移表，図9.10に状態遷移図を示す．

表9.8 JK-FFの状態遷移表

現在の状態 入力	JK			
	00	01	10	11
s_0 ($Q=0$)	$s_0/0$	$s_0/0$	$s_1/1$	$s_1/1$
s_1 ($Q=1$)	$s_1/1$	$s_0/0$	$s_1/1$	$s_0/0$

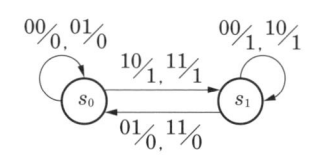

図9.10 JK-FFの状態遷移図

③ D-FF

表9.9にD-FFの状態遷移表，図9.11に状態遷移図を示す．

表9.9 D-FFの状態遷移表

現在の状態 入力	D	
	0	1
s_0 ($Q=0$)	$s_0/0$	$s_1/1$
s_1 ($Q=1$)	$s_0/0$	$s_1/1$

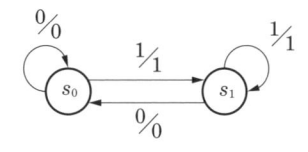

図9.11 D-FFの状態遷移図

④ T-FF

表9.10にT-FFの状態遷移表，図9.12に状態遷移図を示す．

表9.10 T-FFの状態遷移表

現在の状態	入力 T 0	1
s_0 ($Q=0$)	$s_0/0$	$s_1/1$
s_1 ($Q=1$)	$s_1/1$	$s_0/0$

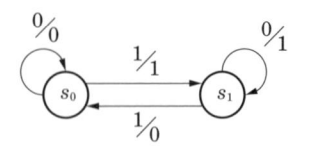

図9.12 T-FFの状態遷移図

⑤ 自動販売機

第9章の82ページで扱った，100円玉を3枚投入すると商品が出てくる自動販売機を考えよう．この自動販売機を状態遷移図で表すと，図9.13のようになることはすでに学んだ．ここでは，この自動販売機を実際の論理回路で構成してみよう．

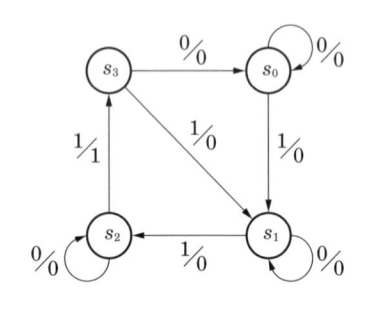

図9.13 自動販売機の状態遷移図

この自動販売機は，内部状態が$s_0 \sim s_3$までの4種類を遷移するために，これらの状態を表現するためには2変数が必要となる．例えば，表9.11に示すように，2変数をy_0, y_1として各状態を割り当てることができる．

表9.11 状態割り当て

状態	y_0	y_1
s_0	0	0
s_1	0	1
s_2	1	0
s_3	1	1

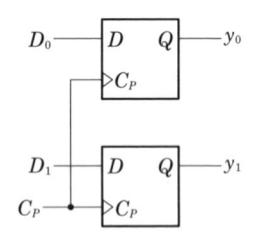

図9.14 D-FFの割り当て

そして，図9.14に示すように，各変数をD-FFによって表すことにすれば，2個のD-FFが必要となる．例えば，内部状態s_2「$(y_0, y_1) = (1, 0)$」を表現するためには，$D_0 = 1$，$D_1 = 0$を加えて，有効なクロックパルスC_Pを入力すればよい．

自動販売機の詳しい状態遷移表を書くと，表9.12のようになる．この自動販売機の出力zが「1」となる（商品が出てくる）のは，現在の状態がs_2のときに，

入力xに「1」を加えた場合のみである．表9.12から，D-FFの入力D_0, D_1についての論理式を求めると，式(9.3)，(9.4)のようになる．また，出力zの論理式は，式(9.5)のようになる．

表9.12 詳しい状態遷移表

現在の状態 y_0 y_1		入力 x	次の状態 y_0 y_1		D-FFの入力 D_0 D_1		出力 z
s_0	0 0	0	s_0 0	0	0	0	0
s_0	0 0	1	s_1 0	1	0	1	0
s_1	0 1	0	s_1 0	1	0	1	0
s_1	0 1	1	s_2 1	0	1	0	0
s_2	1 0	0	s_2 1	0	1	0	0
s_2	1 0	1	s_3 1	1	1	1	1
s_3	1 1	0	s_0 0	0	0	0	0
s_3	1 1	1	s_1 0	1	0	1	0

$$D_0 = \overline{x}\,\overline{y_0}y_1 + \overline{x}y_0\overline{y_1} + xy_0\overline{y_1}$$
$$= \overline{x}\,\overline{y_0}y_1 + y_0\overline{y_1}$$
$$\cdots\cdots\cdots\cdots (9.3)$$

$$D_1 = \overline{x}\,\overline{y_0}\,\overline{y_1} + \overline{x}\,\overline{y_0}y_1$$
$$\quad + xy_0\overline{y_1} + xy_0y_1$$
$$= \overline{x}\,\overline{y_0}y_1 + x(\overline{y_1} + y_0y_1)$$

（吸収の法則）

$$= \overline{x}\,\overline{y_0}y_1 + x(\overline{y_1} + y_0)$$
$$= \overline{x}\,\overline{y_0}y_1 + x\overline{y_1} + xy_0$$
$$\cdots\cdots\cdots\cdots (9.4)$$

$$z = xy_0\overline{y_1} \quad \cdots\cdots (9.5)$$

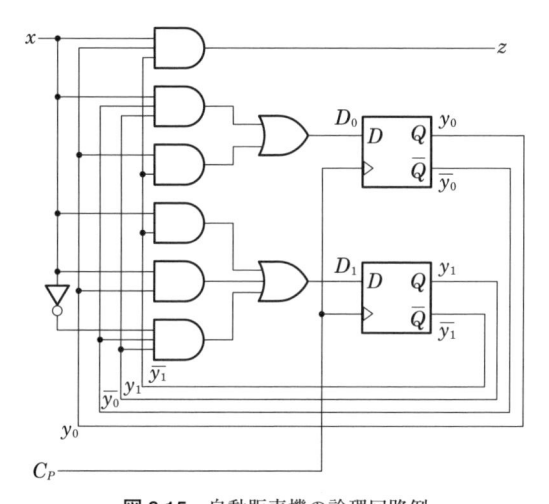

図9.15 自動販売機の論理回路例

これらの式から，図9.15に示す論理回路が得られる．

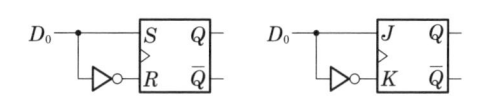

図9.16 他のFFの使用

ここでは，記憶回路にD-FFを用いたが，RS-FFやJK-FFを用いる場合には，図9.16に示すように接続すればよい．

また，図9.13の状態遷移図や図9.15の論理回路は，より簡単化することが可能である．これらについては，演習問題9の[3]，[4]を参照されたい．

● 演習問題9 ●

[1] ミーリー型順序回路とムーア型順序回路の違いについて説明しなさい．
[2] セット優先 RS-FF の状態遷移表と状態遷移図をミーリー型で示しなさい．
[3] 100円硬貨を3枚投入すると商品を出す自動販売機を D-FF を用いた論理回路で表現したい（第9章の88ページ参照）．ただし，状態割り当てを表9.13のようにする（表9.11とは異なる）．
  ① 詳しい状態遷移表を書きなさい．
  ② D-FF の入力 D_0，D_1 と出力 z を論理式で表しなさい．
  ③ 論理回路を書きなさい．
  ④ 得られた論理回路を図9.15と比較しなさい．

表9.13 状態割り当て

状態	y_0	y_1
s_0	0	1
s_1	0	0
s_2	1	0
s_3	1	1

[4] 前問の自動販売機の状態遷移表と状態遷移図は，それぞれ表9.14，図9.17のように表すことができる．これらの状態遷移表と状態遷移図を簡単化しなさい．

表9.14 状態遷移表

現在状態	入力 0	入力 1
s_0	$s_0/0$	$s_1/0$
s_1	$s_1/0$	$s_2/0$
s_2	$s_2/0$	$s_3/1$
s_3	$s_0/0$	$s_1/0$

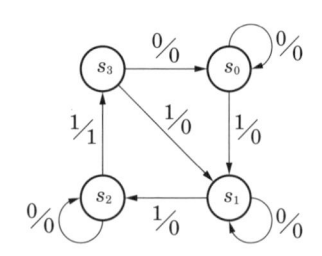

図9.17 状態遷移図

[5] 入力データの和が奇数か偶数かを判別する順序回路を D-FF を用いて構成したい．
  ① フリップフロップは最低何個必要か答えなさい．
  ② ミーリー型の状態遷移表と状態遷移図を書きなさい．
  ③ 状態割り当て表を書きなさい．
  ④ 詳しい状態遷移表を書き，論理式を示しなさい．
  ⑤ D-FF を用いた論理回路を書きなさい．

第10章
非同期式カウンタ

　カウンタ（counter）は，入力したパルスの個数を数える回路であり，計数器とも呼ばれる．カウンタは，非同期式と同期式に大別することができるが，どちらもFFをカスケード（縦続）接続して構成できる．本章では，非同期式カウンタの基本構成や動作原理について学ぼう．

10.1　非同期式 2^n 進カウンタ

　図10.1に示すネガティブエッジ型T-FFのタイムチャートをみてみよう．入力 T にクロックパルスが2個加わると，出力 Q からは1個のパルス（方形波）が出ている．このように，パルスの個数を一定の割合で減じる操作を**分周**という．表10.1は，T-FFの動作を特性表で表したものである．

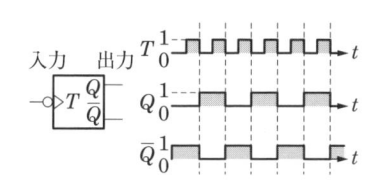

図10.1　T-FFのタイムチャート

表10.1　2進カウンタの特性表

クロックパルスの個数	Q
0	0
1	1
2	0
3	1

　表10.1を見ると，出力 Q は，2進数の1ビットカウンタに対応していることがわかる．次に，図10.2に示すようにネガティブエッジ型T-FFを3個接続した回路を考えよう．表10.2は，図10.2のタイムチャートの下に表した $Q_0 \sim Q_2$ の出力表を縦に書き直したものである．表10.2をみると，図10.2の回路は8進アッ

プカウンタの動作をしていることがわかる．ここで，**n進アップカウンタ**とは，0からカウントアップ（0,1,2,……）を開始して，n個目のクロックパルスが入力されたときに，出力をクリアして再び0からカウントを始める回路のことをいう．

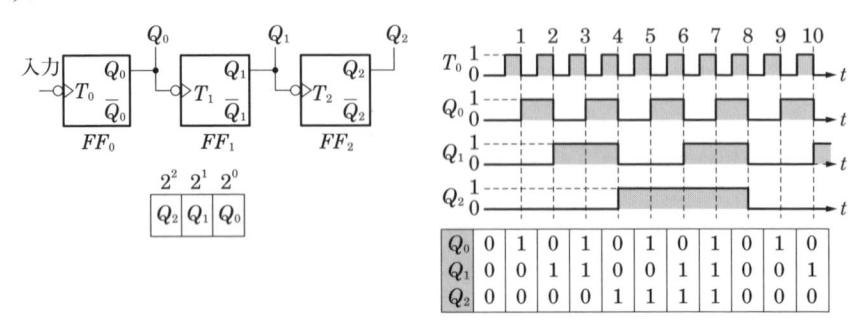

図10.2　非同期式8進アップカウンタ

図10.2のように，FFの出力が，次々と次段に伝わることで次段のFFが動作していくカウンタを**非同期式カウンタ**（asynchronous counter），または，**リプルカウンタ**（ripple counter）という．

表10.2　8進アップカウンタの特性表

クロックパルスの個数	Q_2	Q_1	Q_0
0	0	0	0
1	0	0	1
2	0	1	0
3	0	1	1
4	1	0	0
5	1	0	1
6	1	1	0
7	1	1	1
8	0	0	0
9	0	0	1
10	0	1	0

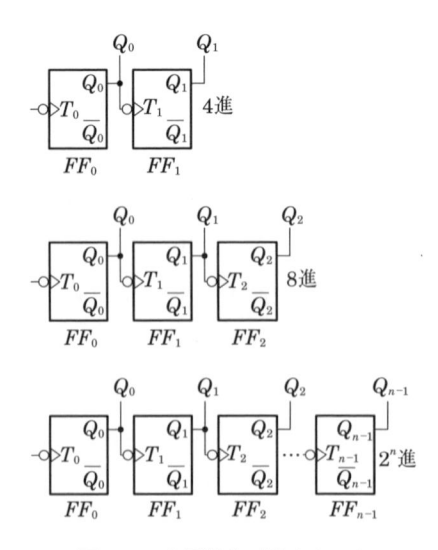

図10.3　非同期式2^n進カウンタ

2^n進の非同期式カウンタを構成したい場合には，図10.3に示すように，T-FFをn個カスケード接続すればよい．ここでは，T-FFを用いたが，他の種類のFFを用いる場合には，FFの機能変換を行ってT-FFと同様のトグル機能を持たせればよい（第8章の77ページ参照）．図10.4に，クロックパルス入力を端子Tとして使用する場合の機能変換を示す．

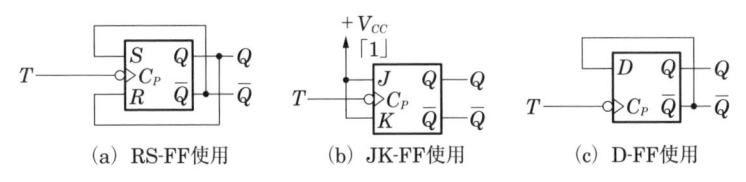

(a) RS-FF使用　　(b) JK-FF使用　　(c) D-FF使用

図10.4　クロックパルス入力端子を用いたT-FFの構成

非同期式カウンタは，動作原理が簡単で考えやすいが，データが順次伝達されるために，最終的な出力結果が得られるまでに時間を要する（動作速度が遅い）ことが欠点である．例えば，74LSシリーズのTTLでは，FF1個につきおよそ20～30nSの伝搬遅延時間がある．

10.2　アップカウンタとダウンカウンタ

これまでは，0から始まってカウントを増加させるアップカウンタの例を学んだが，カウントを減少していく**ダウンカウンタ**を考えることもできる．例として表10.3に，8進ダウンカウンタの特性表を示す．

8進ダウンカウンタでは，「000」からカウントを始めて，クロックパルスが入力されるたびにカウントダウンを行い，8個目のクロックパルスで「000」に戻り，再びカウントダウンを始める．

図10.5は，ポジティブエッジ型FFを用いた非同期式8進ダウンカウンタの回路とタイムチャートである．図10.2の回路との違いは，FFの動作タイミングだけであることに注目しよう．

さらに，FFの出力の接続方法によっても，アップカウンタかダウンカウンタを構成することができる．図10.6(a)，(b)は，T-FFの出力$\overline{Q}$を次段T-FFの入力とした回路であるが，図10.6(a)のようにポジティブエッジ型T-FFを使用

表 10.3 8進ダウンカウンタの特性表

クロックパルスの個数	Q_2	Q_1	Q_0
0	0	0	0
1	1	1	1
2	1	1	0
3	1	0	1
4	1	0	0
5	0	1	1
6	0	1	0
7	0	0	1
8	0	0	0
9	1	1	1
10	1	1	0

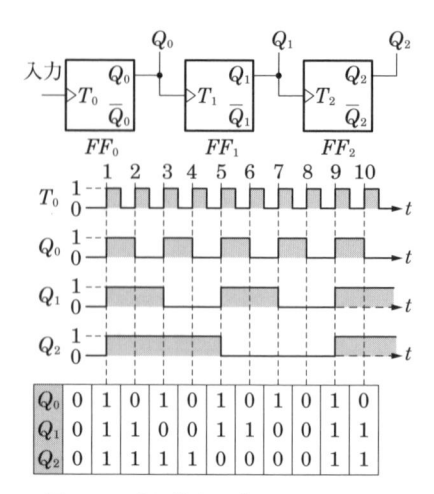

図 10.5 非同期式 8 進ダウンカウンタ

(a) アップカウンタ (b) ダウンカウンタ

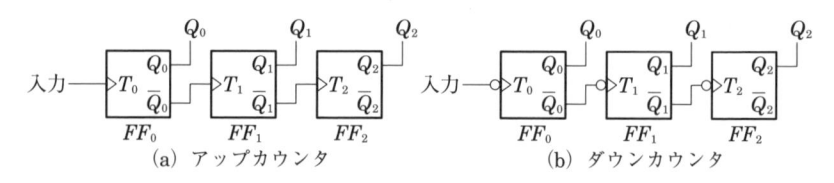

図 10.6 出力 $\overline{Q}$ を使った非同期式 8 進カウンタ

した場合にはアップカウンタ，図 10.6(b) のようにネガティブエッジ型を使用した場合にはダウンカウンタとなる．

本書では特に明記しない場合には，アップカウンタをカウンタと表記する．

10.3 非同期式 n 進カウンタ

2^n 進の非同期式カウンタを構成したい場合には，FF を n 個カスケード接続すればよかった．ここでは，任意の非同期式 n 進カウンタの構成法について学ぼう．

(1) 非同期式 3 進カウンタ

表 10.4 に 4 進カウンタ，表 10.5 に 3 進カウンタの特性表を示す．これらの表で，3 個目のクロックパルスが入力された場合を比較すると，4 進カウンタでは

表10.4 4進カウンタの特性表

パルス	Q_1	Q_0
0	0	0
1	0	1
2	1	0
3	1	1
4	0	0

表10.5 3進カウンタの特性表

パルス	Q_1	Q_0
0	0	0
1	0	1
2	1	0
3	0	0

$Q_1 = Q_0 = 1$ となっているが，3進カウンタでは $Q_1 = Q_0 = 0$ となっている．したがって，4進カウンタにおいて，$Q_1 = Q_0 = 1$ となったときにFFを強制的にリセットすれば3進カウンタをつくることができる．このために，非同期リセット端子の付いたFFを用いて構成した4進カウンタに，$Q_1 = Q_0 = 1$ の場合に各FFのリセット端子にリセット信号を入力する回路を付加する．リセット信号発生回路には，図10.7に示すAND回路を使用すればよい．図10.8にセット・リセット端子付きのD-FFを用いて構成した非同期式4進カウンタ，図10.9にリセット信号発生回路を付加した非同期式3進カウンタの回路を示す．

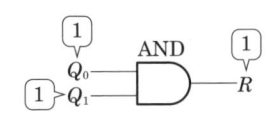

図10.7 リセット信号発生回路

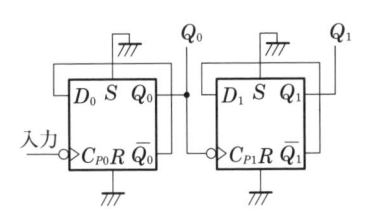

図10.8 非同期式4進カウンタ

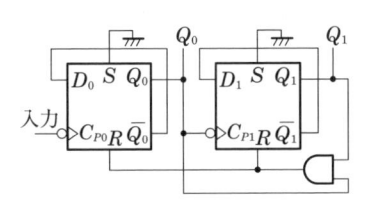

図10.9 非同期式3進カウンタ

使用しないセット端子，リセット端子はアースに接続しておけばよい．図10.10に示すタイムチャートで，非同期式3進カウンタ（図10.9）の動作を確認しよう．

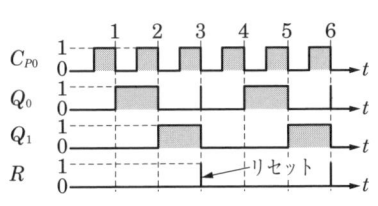

図10.10 非同期式3進カウンタのタイムチャート

10.3 非同期式 n 進カウンタ

(2) 非同期式5進カウンタ

次に，**非同期式5進カウンタ**を構成してみよう．n進カウンタを構成する場合には，次式を満たす最小のm個のFFを必要とする．

$$2^m \geq n \quad \cdots\cdots\cdots\cdots\cdots\cdots\cdots\cdots\cdots\cdots\cdots\cdots\cdots\cdots\cdots\cdots\cdots\cdots\cdots\cdots (10.1)$$

したがって，5進カウンタでは，$m = 3$個のFFが必要となる．

表10.6に，5進カウンタの特性表を示す．前の3進カウンタと同様に考えれば，8進カウンタにおいて5個目のクロックパルスが入力されたとき（$Q_2 = 1$，$Q_1 = 0$，$Q_0 = 1$）に，各FFを強制的にリセットすればよいことがわかる．図10.11に，リセット信号発生回路を示す．図10.11の回路では，出力Q_1をNOTしているが，FF_1の出力$\overline{Q_1}$を使用することでNOT回路を省略することができる．このようにして構成した非同期式5進カウンタを図10.12に示す．

表10.6 5進カウンタの特性表

パルス	Q_2	Q_1	Q_0
0	0	0	0
1	0	0	1
2	0	1	0
3	0	1	1
4	1	0	0
5	0	0	0

101のときにリセットする

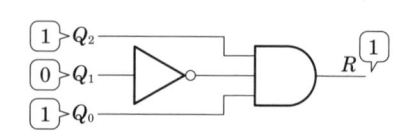

図10.11 リセット信号発生回路

さらに，表10.6に示した特性表を注意深くみると，5個目のクロックパルスが入力されたとき（$Q_2 = 1$，$Q_1 = 0$，$Q_0 = 1$）は，$Q_2 = Q_0 = 1$となる初めての状態であることがわかる．つまり，Q_1を考えなくてもリセット信号を発生することができるのである．これにより，図10.12は，図10.13のように簡単化できる．

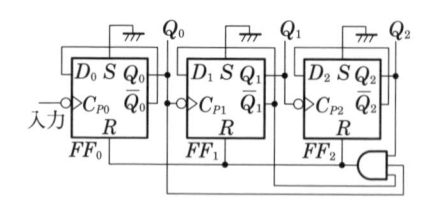

図10.12 非同期式5進カウンタ

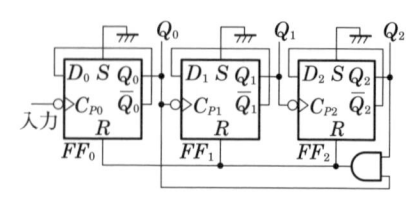

図10.13 簡単化した非同期式5進カウンタ

10.4 誤動作の例

これまでに説明した非同期式カウンタを実際に製作して動作させると，ほとんどの場合は正常に動作するであろう．しかし，誤動作する可能性も含んでいるのである．ここでは，誤動作の原因となり得るいくつかの要因を考えてみよう．

(1) リセットのタイミング

例えば，図10.14に示した非同期式5進カウンタ（図10.13と同じ）では，FFの出力が$Q_2 = Q_0 = 1$となるときに，リセット信号を発生してFFのリセット端子に入力していた．ここでは，各FF

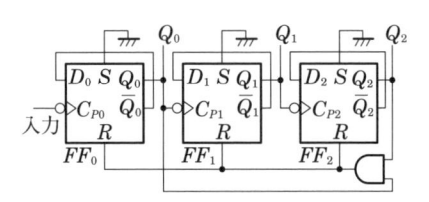

図 10.14 非同期式 5 進カウンタ

がリセットされるタイミングについて考えてみよう．この回路では，リセット信号発生回路に2入力ANDを使用している．図10.14における部品配置で考えると，ANDの出力から最も遠いFF_0へのリセット信号が，他のFFへのリセット信号よりも遅れて入力されたとしよう．この場合，リセット信号が出力される直前では$Q_2 = 1$，$Q_1 = 0$，$Q_0 = 1$となっていた出力が，FF_2とFF_1のリセットによって$Q_2 = 0$，$Q_1 = 0$，$Q_0 = 1$となる．つまり，FF_0の出力は「1」のままで，ANDの出力は「0」となる．これにより，FF_0はリセットされないことになってしまう．

すべてのFFを確実にリセットするためには，図10.15に示す回路が考えられる．

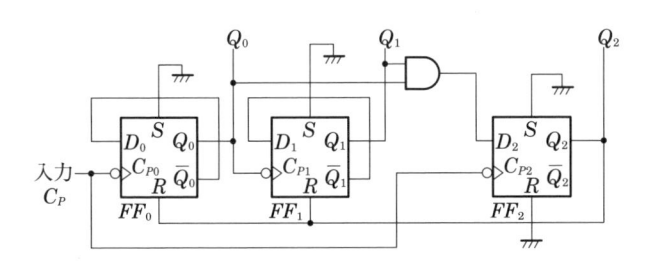

図 10.15 改良型非同期式 5 進カウンタ

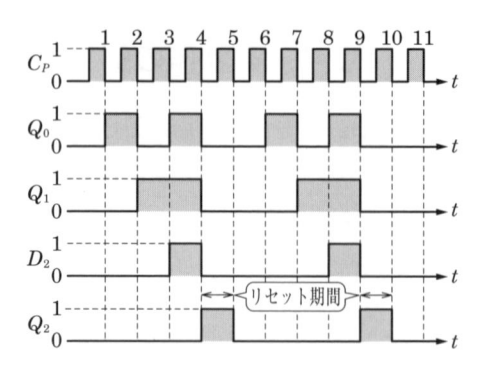

図10.16 改良型非同期式5進カウンタのタイムチャート

この回路では，図10.16のタイムチャートに示すように，FF_0とFF_1は4進カウンタとして動作する．したがって，3個目のクロックパルスが入力されると，出力が$Q_1 = Q_0 = 1$となりANDの出力（D_2）は「1」となる（$Q_2 = 0$，$Q_1 = 1$，$Q_0 = 1$）．この状態で次のクロックパルス（4個目）が入力されると$Q_2 = 1$となりFF_1とFF_0がリセットされる（$Q_2 = 1$，$Q_1 = 0$，$Q_0 = 0$，$D_2 = 0$）．リセットの期間は，次のクロックパルスが入力されるまで続き，次のクロックパルス（5個目）が入力されると，$Q_2 = 0$，$Q_1 = 0$，$Q_0 = 0$となり初期状態に戻る．このように，クロックパルス1間隔分のリセット期間を設けて確実なリセットを行うようにしている．

(2) ハザード

伝搬遅延時間の影響で，予測しなかった信号が発生して誤動作を起こすことがある．このような信号をハザード（hazard）という．非同期式回路では伝搬遅延時間の影響が大きくなるため（第10章の93ページ参照），ハザードの発生に注意する必要がある．例えば，図10.17(a)に示す論理回路を用いた場合を考えよう．入力Aの信号を「0」から「1」に変化させた場合，ANDの入力は「01」から「10」に変わるために，出力Fは「0」のまま変化しないと考えられる．ところが，図10.17(b)に示した，時間の単位をnSオーダーに取ったタイムチャートをみると，NOTゲートの遅延によって出力Fに「1」の状態が現れる．このように，予期せぬ出力信号によって誤動作を生じることがある．

(a) 論理回路

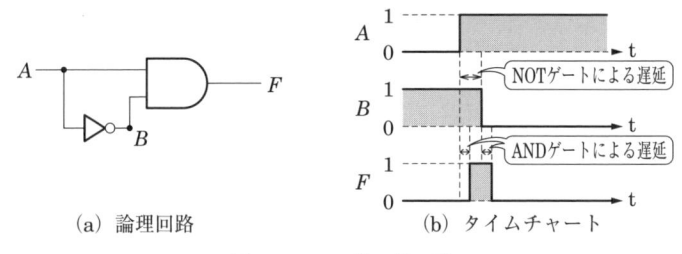

(b) タイムチャート

図 **10.17**　ハザードの例

(3) クリティカルレース

図8.10で，図10.18(a)のようなT‐FFについて学んだ．この回路の動作について，図10.18(b)に示したタイムチャートをみながら考えよう．

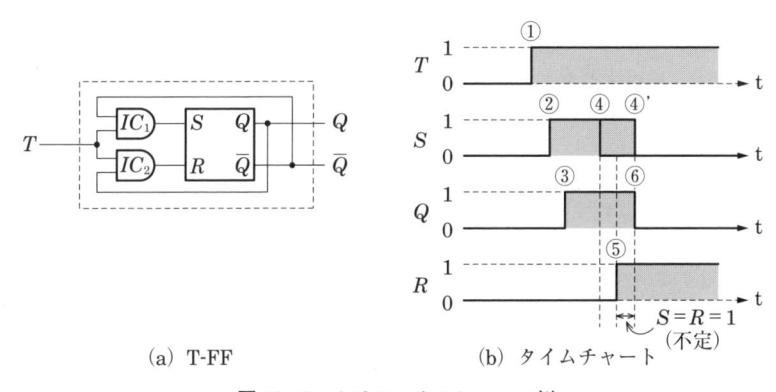

(a) T-FF

(b) タイムチャート

図 **10.18**　クリティカルレースの例

入力$T=0$のときには，$S=0$, $R=0$で安定している．入力$T=1$に立上った場合（タイムチャートの①）には，やや遅れて$S=1$（②）となり，出力Qが「1」にセットされる（③）．$Q=1$となると，$S=0$（④），$R=1$（⑤）となり出力Qは「0」にリセットされる（⑥）．しかし，$S=0$（④）となるのが$R=1$となる時間（⑤）よりも遅れた場合（④'）には，$S=R=1$である不定状態になってしまう．このように，回路の動作タイミングのずれで，正しくない状態に遷移してしまうことを**クリティカルレース**（critical race）という．図10.18のクリティカルレースを避けるには，マスタースレーブ型のFFを使用するとよい．

● 演習問題10 ●

[1] 20進カウンタを構成する場合には，何個のFFが必要となるか．
[2] 一般に，2^n進カウンタは，n進カウンタよりも設計が容易である．この理由を説明しなさい．
[3] 図10.19に示す非同期式カウンタは，どのような働きをするか説明しなさい．

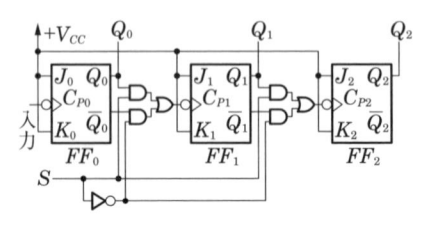

図 10.19　非同期式カウンタ

[4] 非同期式7進カウンタを，JK-FFを用いて構成しなさい．
[5] nの値が非常に大きい非同期式n進カウンタを製作する場合に生じる問題点をあげなさい．
[6] 図10.20に示した回路に関して次の①〜③に答えなさい．
　① 回路名を答えなさい．
　② 対応する特性表を示しなさい．
　③ 起こり得るトラブルについて説明しなさい．

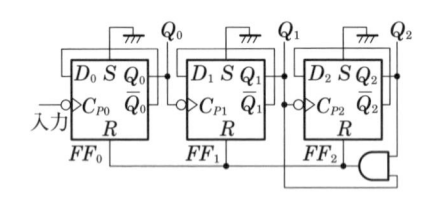

図 10.20　問題[6]の回路

[7] 非同期式カウンタの長所と短所を説明しなさい．
[8] ハザードとは何か簡単に説明しなさい．また，なぜ非同期式回路では，特にハザードの発生に注意する必要があるのか．
[9] クリティカルレースとは何か簡単に説明しなさい．

第11章
同期式カウンタ

同期式カウンタは，カスケード接続したすべての FF が一斉に動作するために，各 FF への入力データのタイミングが非同期式カウンタとは異なったものになる．本章では，同期式カウンタの動作タイミングを確認した後，同期式 2^n 進カウンタの設計方法を学ぼう．そして，任意の同期式 n 進カウンタが設計できるように学習を進めよう．

11.1 同期式カウンタの考え方

ネガティブエッジ型 JK-FF を用いた4進カウンタについて，図11.1に**非同期式**，図11.2に**同期式**の回路とタイムチャートを示すので比較してみよう．

(a) 回路　　(b) タイムチャート

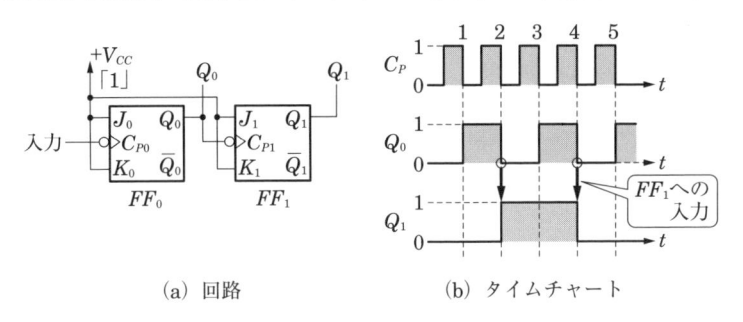

図 11.1 非同期式4進カウンタ

非同期式の回路では，FF_1 のクロックパルス端子 C_{P1} に，FF_0 の出力 Q_0 が入力されているため，$FF_0 \rightarrow FF_1$ の順に動作が進行する．一方，同期式の回路では，各FFのクロックパルス端子 C_{P0}，C_{P1} に同時にクロックパルスが入力されるため，FF_0 と FF_1 は同時に動作する．したがって，どちらの回路でもタイムチャートの

(a) 回路　　　　　　　　　(b) タイムチャート

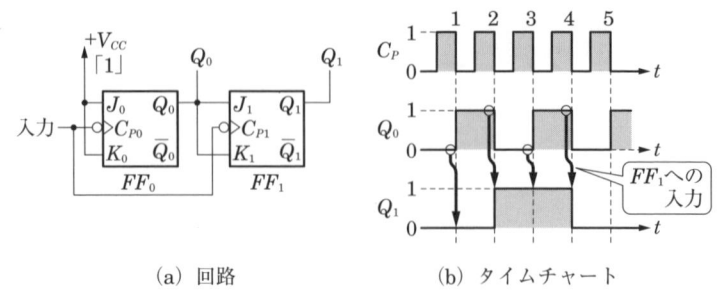

図 11.2　同期式 4 進カウンタ

形は同じになっているが，動作のタイミングは異なることに注意しよう．例えば，はじめにクロックパルス 1 個が入力された場合を考えよう．非同期式の回路では，はじめに FF_0 が動作し，次にその FF_0 の出力 Q_0 を受けた FF_1 が動作する．しかし，同期式の回路では，FF_0 と FF_1 は同時に動作するために，FF_1 の入力はクロックパルスが入力された正にそのとき，つまり FF_0 が動作する直前の出力 Q_0 を取り込むことになる（図 11.1(b)，図 11.2(b) のタイムチャートの矢印参照）．

11.2　同期式 2^n 進カウンタ

表 11.1 に示した特性表において，4 進カウンタを考えると，Q_0 が「1」になっているとき（表の A，B）に次のクロックパルスで Q_1 が反転している．また，8 進カウンタでは，Q_0 と Q_1 が「1」になっているとき（表の C，D）に次のクロックパルスで Q_2 が反転している．さらに，16 進カウンタでは，Q_0，Q_1，Q_2 が「1」になっているとき（表の E，F）に次のクロックパルスで Q_3 が反転している．

このことから，同期式 2^n 進カウンタでは，m 番目（$m > 0$）の FF_m を反転させるタイミングは，

表 11.1　2^n 進カウンタの特性表

パルス	Q_3	Q_2	Q_1	Q_0	
0	0	0	0	0	A
1	0	0	0	1	
2	0	0	1	0	B
3	0	0	1	1	
4	0	1	0	0	C
5	0	1	0	1	
6	0	1	1	0	D
7	0	1	1	1	
8	1	0	0	0	E
9	1	0	0	1	
10	1	0	1	0	
11	1	0	1	1	
12	1	1	0	0	
13	1	1	0	1	
14	1	1	1	0	F
15	1	1	1	1	
16	0	0	0	0	

$FF_0 \sim FF_{m-1}$ のすべての FF の出力が「1」のときであることがわかる．したがって，図 11.3，図 11.4 のように AND ゲートを使用すれば，任意の同期式 2^n 進カウンタを構成できる．これらの回路は，高速かつ，安定に動作するが，FF の段数が多くなると多入力 AND ゲートが必要となる．

2 入力 AND ゲートを用いて回路を構成するには，図 11.4 の IC_1 と IC_2 の接続を図 11.5 に示すように変更すればよい．しかし，この場合には，各 AND ゲートの伝搬遅延時間が累積されてしまう．

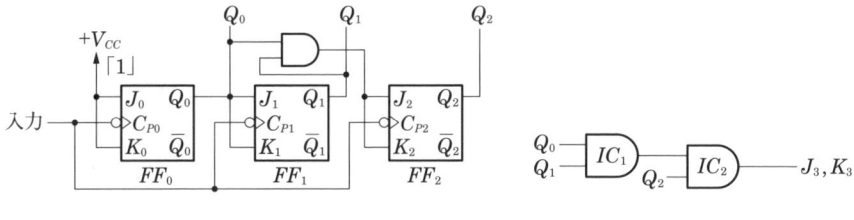

図 11.3　同期式 8 進カウンタ

図 11.5　2 入力 AND の使用

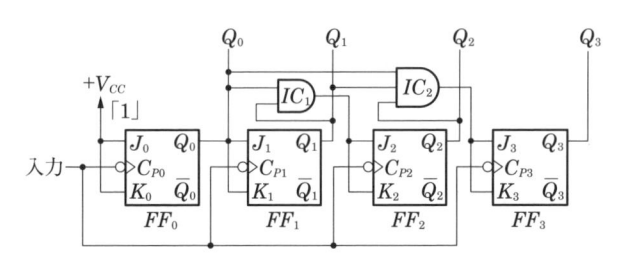

図 11.4　同期式 16 進カウンタ

11.3　同期式 n 進カウンタ

(1) 励起表からの設計法

例として，ネガティブエッジ型 JK-FF を使用した同期式 5 進カウンタを**励起表**から設計してみよう．表 11.2 に示す JK-FF の励起表（第 8 章の 77 ページ参照）から，カウンタの出力 Q^t が Q^{t+1} に遷移し

表 11.2　JK-FF の励起表

Q^t	Q^{t+1}	J	K
0	0	0	ϕ
0	1	1	ϕ
1	0	ϕ	1
1	1	ϕ	0

ϕ：0, 1 どちらでもよい（don't care）

た状態を表す5進カウンタの励起表を検討する．表11.3のように考えて5進カウンタの励起表を得る．表11.3における，"ϕ"は「0」「1」のどちらでもよい状態(don't care)，"-"は未使用の状態を示している．

表11.3 5進カウンタの励起表の書き方

クロックパルス	Q^t			入力条件						Q^{t+1}		
	Q_2	Q_1	Q_0	J_2	K_2	J_1	K_1	J_0	K_0	Q_2	Q_1	Q_0
1	0	0	0	0	ϕ	0	ϕ	1	ϕ	0	0	1
2	0	0	1	0	ϕ	1	ϕ	ϕ	1	0	1	0
3	0	1	0	0	ϕ	ϕ	0	1	ϕ	0	1	1
4	0	1	1	1	ϕ	ϕ	1	ϕ	1	1	0	0
5	1	0	0	ϕ	1	0	ϕ	0	ϕ	0	0	0
6	1	0	1									
7	1	1	0	未使用（-）								
8	1	1	1									

初期状態／クロックパルスが1個入力されるとQ^tからQ^{t+1}へ遷移する／5個目のクロックパルスでQ^tから遷移する

表11.3において，入力JとKが「1」になる入力条件から，論理式(11.1)～(11.3)が得られる．

$$\left.\begin{array}{l} J_0 = \overline{Q_2}\,\overline{Q_1}\,\overline{Q_0} + \overline{Q_2}Q_1\overline{Q_0} \\ K_0 = \overline{Q_2}\,\overline{Q_1}Q_0 + \overline{Q_2}Q_1Q_0 \end{array}\right\} \cdots\cdots\cdots\cdots (11.1)$$

$$\left.\begin{array}{l} J_1 = \overline{Q_2}\,\overline{Q_1}Q_0 \\ K_1 = \overline{Q_2}Q_1Q_0 \end{array}\right\} \cdots (11.2) \quad \left.\begin{array}{l} J_2 = \overline{Q_2}Q_1Q_0 \\ K_2 = Q_2\overline{Q_1}\,\overline{Q_0} \end{array}\right\} \cdots (11.3)$$

これらの論理式をカルノー図によって簡単化する（図11.6）．簡単化した論理式から図11.7に示す回路が得られる．

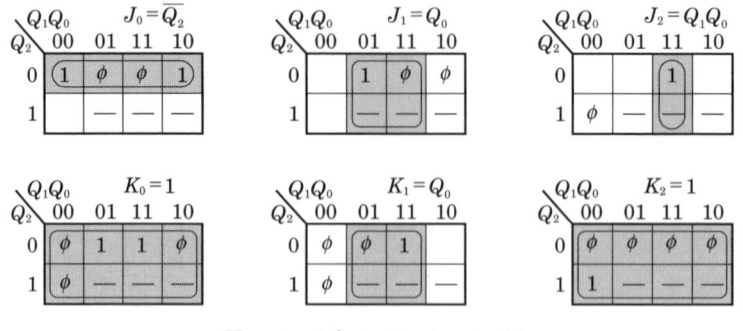

図11.6 入力J，Kのカルノー図

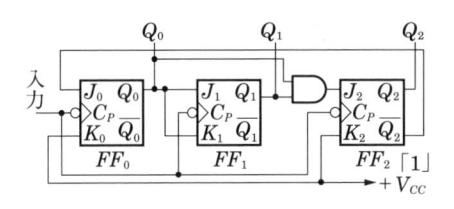

図 11.7　同期式 5 進カウンタ

(2) 特性方程式からの設計法

次に，使用する FF の**特性方程式**を用いて同期式 n 進カウンタを設計する方法について説明する．例として，JK‐FF を用いた同期式 7 進カウンタを設計してみよう．JK‐FF の特性方程式は，式(11.4)のようになる（第 8 章の 72 ページ参照）．

$$Q^{t+1} = J\overline{Q^t} + \overline{K}Q^t \quad \cdots\cdots\cdots\cdots\cdots\cdots\cdots\cdots\cdots\cdots (11.4)$$

表 11.4 に示した 7 進カウンタの特性表は，FF の出力 Q^t がクロックパルスの入力によって Q^{t+1} に遷移した状態を表したものである．この表から，各 FF の出力が Q_m^{t+1} ($m = 0,1,2$) に遷移した場合の論理式を求めると式(11.5)～(11.7)のようになる．ここで，Q_m^t ではなく Q_m^{t+1} の式を考えたのは，式(11.4)との対応による．

表 11.4　7 進カウンタの特性表

クロックパルス	Q^t			Q^{t+1}		
	Q_2	Q_1	Q_0	Q_2	Q_1	Q_0
1	0	0	0	0	0	①
2	0	0	1	0	①	0
3	0	1	0	0	①	①
4	0	1	1	①	0	0
5	1	0	0	①	0	①
6	1	0	1	①	①	0
7	1	1	0	0	0	0
8	1	1	1	未使用(－)		

$$Q_0^{t+1} = \overline{Q_2}\,\overline{Q_1}\,\overline{Q_0} + \overline{Q_2}Q_1\overline{Q_0} + Q_2\overline{Q_1}\,\overline{Q_0} \quad \cdots\cdots\cdots\cdots\cdots\cdots (11.5)$$

$$Q_1^{t+1} = \overline{Q_2}\,\overline{Q_1}Q_0 + \overline{Q_2}Q_1\overline{Q_0} + Q_2\overline{Q_1}Q_0 \quad \cdots\cdots\cdots\cdots\cdots\cdots (11.6)$$

$$Q_2^{t+1} = \overline{Q_2}Q_1Q_0 + Q_2\overline{Q_1}\,\overline{Q_0} + Q_2\overline{Q_1}Q_0 \quad \cdots\cdots\cdots\cdots\cdots\cdots (11.7)$$

これらの式を，カルノー図によって簡単化する（図 11.8）．このとき，簡単化後の式は，式(11.8)のような JK‐FF の特性方程式(11.4)と同様の形式にする．式(11.8)では，$A = J$，$B = \overline{K}$ と考える．

$Q_0^{t+1} = \overline{Q_1}\,\overline{Q_0} + \overline{Q_2}\,\overline{Q_0}$ $Q_1^{t+1} = \overline{Q_1}\,Q_0 + \overline{Q_2}\,Q_1\,\overline{Q_0}$ $Q_2^{t+1} = Q_2\,\overline{Q_1} + Q_1\,Q_0$

Q_2＼Q_1Q_0	00	01	11	10
0	①			①
1	①		—	

Q_2＼Q_1Q_0	00	01	11	10
0		①		①
1		①	—	

Q_2＼Q_1Q_0	00	01	11	10
0				①
1	①	①	—	

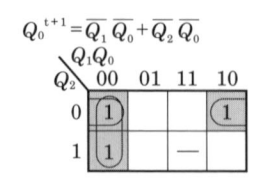

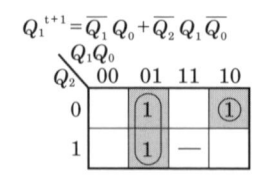

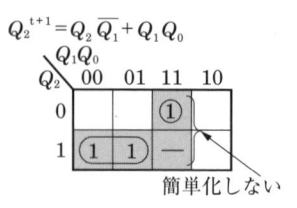

簡単化しない

図 11.8　Q_m^{t+1} のカルノー図

$$Q_m^{t+1} = A\overline{Q}_m + BQ_m \quad\cdots\cdots\cdots\cdots\cdots\cdots\cdots\cdots\cdots\cdots\cdots\cdots\cdots\cdots (11.8)$$

式(11.5)〜(11.7)を変形すると，それぞれ式(11.9)〜(11.11)のようになる．

$$Q_0^{t+1} = \overline{Q_1}\,\overline{Q_0} + \overline{Q_2}\,\overline{Q_0} = \left(\overline{Q_1} + \overline{Q_2}\right)\overline{Q_0} + 0\,Q_0 \quad\cdots\cdots\cdots\cdots (11.9)$$

$$Q_1^{t+1} = \overline{Q_1}\,Q_0 + \overline{Q_2}\,Q_1\,\overline{Q_0} = (Q_0)\overline{Q_1} + \left(\overline{Q_2}\,\overline{Q_0}\right)Q_1 \quad\cdots\cdots\cdots (11.10)$$

$$Q_2^{t+1} = Q_2\,\overline{Q_1} + Q_1\,Q_0 \quad\cdots\cdots\cdots\cdots\cdots\cdots\cdots\cdots\cdots\cdots\cdots (11.11)$$

ここで，式(11.11)については，Q_1Q_0 の項があるため，式(11.8)の形式になっていない．そこで，右辺第2項の Q_1Q_0 という簡単化はあえて行わず，式(11.12)のように $\overline{Q_2}$ の項を残しておく（図11.8，Q_2^{t+1} の簡単化を参照）．

$$Q_2^{t+1} = Q_2\,\overline{Q_1} + \overline{Q_2}\,Q_1\,Q_0 = (Q_1Q_0)\overline{Q_2} + \left(\overline{Q_1}\right)Q_2 \quad\cdots\cdots\cdots (11.12)$$

簡単化して式(11.8)の形式で表した式(11.9)，式(11.10)，式(11.12)を，式(11.4)と比較して対応する J_m と K_m の論理式を求めると次のようになる．

$$J_0 = \overline{Q_1} + \overline{Q_2} = \overline{Q_1 Q_2}, \quad K_0 = \overline{0} = 1 \quad\cdots\cdots\cdots\cdots\cdots (11.13)$$

$$J_1 = Q_0, \quad K_1 = \overline{\overline{Q_2}\,\overline{Q_0}} \quad\cdots\cdots\cdots\cdots\cdots\cdots\cdots\cdots\cdots (11.14)$$

$$J_2 = Q_1 Q_0, \quad K_2 = \overline{\overline{Q_1}} = Q_1 \quad\cdots\cdots\cdots\cdots\cdots\cdots\cdots (11.15)$$

これより，図11.9に示す同期式7進カウンタの回路が得られる．

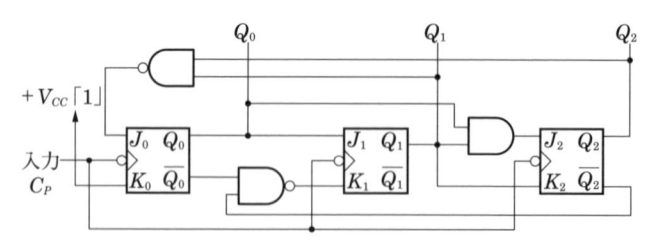

図 11.9　同期式 7 進カウンタ

11.4 リングカウンタ

図11.10に，3進リングカウンタ（ring counter）の回路を示す．この回路において，初期状態として，例えば出力Q_0のみが「1」であった場合，クロックパルスが入力されるたびに，出力「1」が，$Q_0 \rightarrow Q_1 \rightarrow Q_2 \rightarrow Q_0$と循環していく．このときの，特性表とタイムチャートを表11.5，図11.11に示す．

表11.5からわかるように，3個のクロックパルスで，3種類の出力状態を繰り返すことから，この回路は3進カウンタの動作をしていると考えられる．

リングカウンタでは，n個のFFをカスケード接続することで，同期式n進カウンタを即時に構成することができる．

図11.12(a)に示すリングカウンタを考えてみよう．初期状態を $(Q_0,Q_1,Q_2) = (0,0,0)$ とすると，この状態ではFF_0のセット端子$J_0 = 1$，リセット端子$K_0 = 0$となっているため，クロックパルスの入力の度に (Q_0,Q_1,Q_2) は，① $(1,0,0)$ →② $(0,1,0)$ →③ $(0,0,1)$ →①と遷移する．つまり，同期式3進カウンタの動作

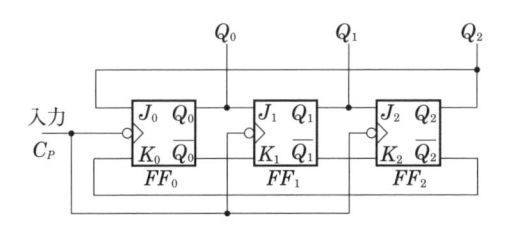

図 11.10　3進リングカウンタ

表 11.5　3進リングカウンタの特性表

クロックパルス	Q^t			Q^{t+1}		
	Q_0	Q_1	Q_2	Q_0	Q_1	Q_2
1	1	0	0	0	1	0
2	0	1	0	0	0	1
3	0	0	1	1	0	0

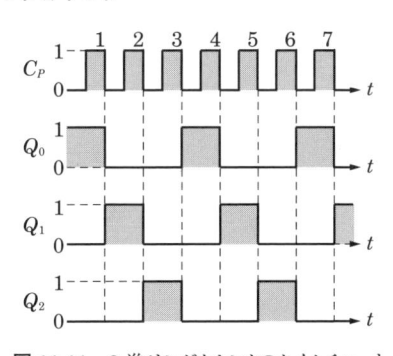

図 11.11　3進リングカウンタのタイムチャート

をすることがわかる．この回路では，仮に，回路の状態が上記 ① ② ③ 以外になったとしても，それ以降の動作で元の正常な遷移状態に復帰することができる（図11.12(b)）．このため，この回路は，**自己補正型リングカウンタ**と呼ばれる．

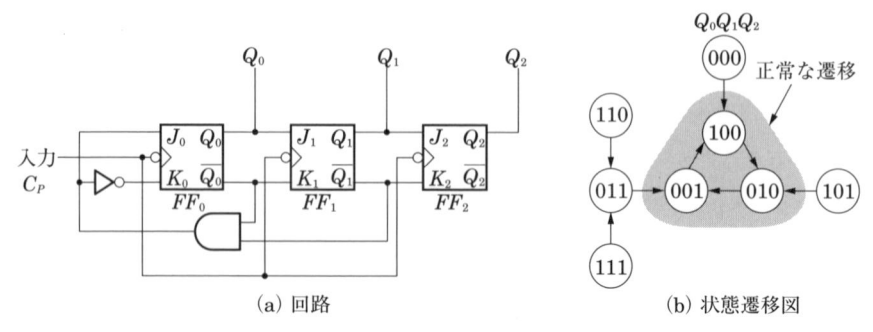

図 11.12 自己補正型 3 進リングカウンタ

11.5 ジョンソンカウンタ

図11.13に3個のFFを使用したジョンソンカウンタ（Johnson counter）の構成例，表11.6に特性表，図11.14にタイムチャートを示す．図11.13で，回路の初期状態を $(Q_0, Q_1, Q_2) = (0,0,0)$ とすると，この状態では FF_0 のセット端子 $J_0 = 1$，リセット端子 $K_0 = 0$ となっているため，クロックパルスが入力されるたびに，表11.6に示した特性表のような6状態を繰り返す．つまり，この回路は6進カウンタの動作をしていると考えられる．ジョンソンカウンタでは，n 個のFFを使用して $2n$ 進カウンタを構成することができる．

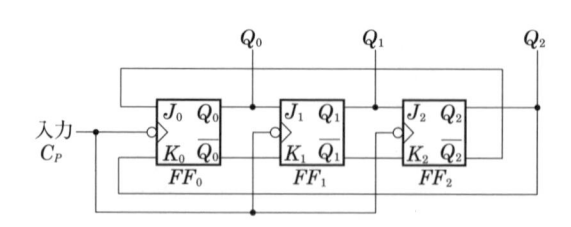

図 11.13 6 進ジョンソンカウンタ

表 11.6 6進ジョンソンカウンタの特性表

クロックパルス	Q^t			Q^{t+1}		
	Q_0	Q_1	Q_2	Q_0	Q_1	Q_2
1	0	0	0	1	0	0
2	1	0	0	1	1	0
3	1	1	0	1	1	1
4	1	1	1	0	1	1
5	0	1	1	0	0	1
6	0	0	1	0	0	0

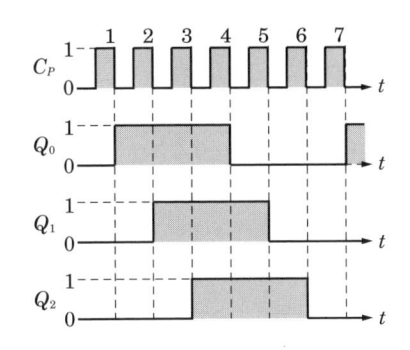

図 11.14 6進ジョンソンカウンタのタイムチャート

図11.15に示す回路は，自己補正型の6進ジョンソンカウンタである．

リングカウンタやジョンソンカウンタにおいて，これまで学んだカウンタと同様な出力を得たい場合には，デコーダ回路（第5章の45ページ参照）を応用すればよい．

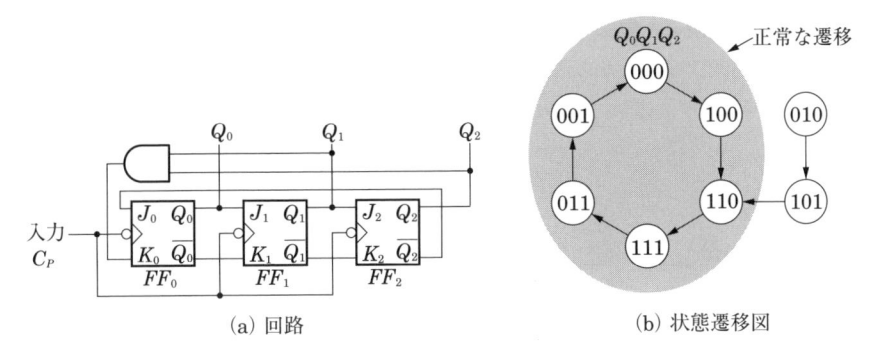

(a) 回路

(b) 状態遷移図

図 11.15 自己補正型6進ジョンソンカウンタ

● 演習問題 11 ●

[1] 同期式カウンタの長所と短所を説明しなさい．
[2] 同期式 2^n 進カウンタついて，次の①〜③に答えなさい．
　① 設計手順について説明しなさい．
　② 高速に動作する同期式 64 進カウンタを構成した場合，最大で何本の入力端子を持つ AND ゲートが必要となるか．
　③ 上記②で，多入力 AND ゲートが用意できない場合には，どのように回路を構成すればよいか．また，その場合の問題点について説明しなさい．
[3] 同期式 10 進カウンタにおける必要な FF の個数について，次の①〜③に答えなさい．
　① 必要な最低の個数はいくつか．
　② リングカウンタの場合に必要な個数はいくつか．
　③ ジョンソンカウンタの場合に必要な個数はいくつか．
[4] 同期式 10 進カウンタ回路を，次の①，②の方法で設計しなさい．ただし，ポジティブエッジ型 JK-FF を用いることとする．
　① 励起表を用いた方法
　② 特性方程式を用いた方法
[5] 図 11.16 に示す回路は，どのような働きをするか答えなさい．

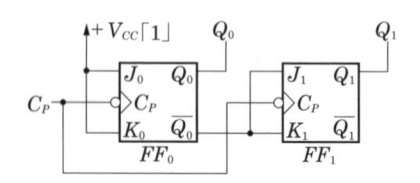

図 11.16 問題 [5] の回路

[6] リングカウンタやジョンソンカウンタにおいて，自己補正型とはどのような機能を持った回路か説明しなさい．

第12章 パルス回路

正弦波のように滑らかに変化する信号ではなく，短時間に急激な変化をする信号をパルス（pulse）という．ディジタル回路でよく使用される方形波は，代表的なパルスである．本章では，はじめにRC回路に方形波を入力した場合の応答について理解しよう．その後，方形波を発生するマルチバイブレータ回路，各種の波形整形回路などについて学ぼう．

12.1 パルス応答

(1) 微分回路

図12.1に示すRC回路に方形波を入力した場合を考えよう．

コンデンサCに蓄えられる電荷をqとすれば，回路の方程式は式(12.1)のようになる．また，回路に流れる電流iは，電荷の増加量であるから，式(12.1)は式(12.2)のように書ける．

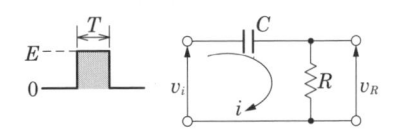

図12.1 微分回路

$$Ri + \frac{q}{C} = v_i \quad \cdots\cdots (12.1)$$

$$R\frac{dq}{dt} + \frac{q}{C} = v_i \quad \cdots\cdots (12.2)$$

式(12.2)の微分方程式の一般解を求めると，式(12.3)が得られる．

$$q = Cv_i\left(1 - e^{-\frac{t}{RC}}\right) \quad \cdots\cdots (12.3)$$

これより，方形波の立上り時からt秒後の抵抗Rの端子電圧v_Rは式(12.4)で表

される.ただし,eは自然対数の底である.

$$v_R = iR = \frac{dq}{dt}R = v_i e^{-\frac{t}{RC}} \quad \cdots\cdots\cdots\cdots\cdots\cdots\cdots\cdots\cdots\cdots\cdots (12.4)$$

方形波の立下り時は,Cに蓄えられていた電荷が放電するためにRの端子電圧は逆向きとなる.式(12.4)のRCを**時定数**といいτ(タウ)で表す.τが小さいほどCの充放電はすばやく終了するため,入力方形波のパルス幅をTとすると,$\tau \ll T$であれば,入出力電圧の波形は図12.2のようになる.図12.2をみると,出力波形v_Rは,入力波形v_iを微分したような形になっていることから,図12.1の回路を**微分回路**という.

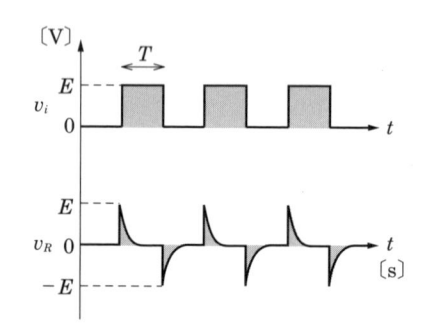

図12.2 入出力電圧の波形($\tau \ll T$)

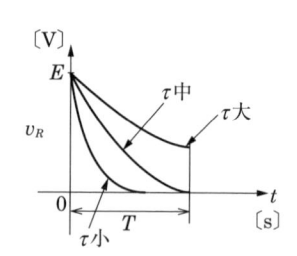

図12.3 微分回路のτと波形

微分回路における,τと出力波形の関係を図12.3に示す.

(2) 積分回路

次に,図12.4のRC回路に方形波を入力した場合を考えよう.この回路は**積分回路**と呼ばれ,出力電圧をコンデンサCの両端から取り出している点が図12.1の微分回路とは異なる.

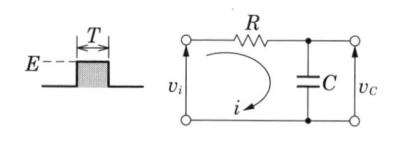

図12.4 積分回路

回路の方程式は式(12.1)と同じになるために,方形波の立上り時からt秒後のCの端子電圧v_Cは式(12.3)を用いて,式(12.5)のように表される.

$$v_C = \frac{q}{C} = v_i\left(1 - e^{-\frac{t}{RC}}\right) \quad \cdots\cdots\cdots\cdots\cdots\cdots\cdots\cdots\cdots (12.5)$$

方形波の立下り時は，Cに蓄えられていた電荷が放電するために立上り時とは逆向きの電流が流れる．微分回路と同様に，τが小さいほどCの充放電はすばやく終了するため，$\tau \ll T$であれば，入出力電圧の波形は図12.5のようになる．

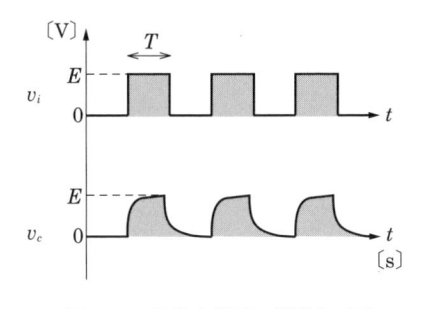

図12.5　入出力電圧の波形($\tau \ll T$)

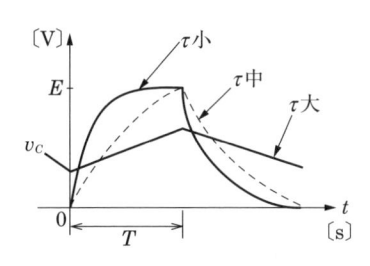

図12.6　積分回路のτと波形

この回路における，τと出力波形の関係を図12.6に示す．図12.6からわかるように，直線的な積分波形を得るためには，$\tau \gg T$とする必要がある．しかし，式(12.5)において，$\tau(=RC)$の値を大きくすると出力電圧v_Cが小さくなってしまう．このため，大きな出力電圧を得たい場合には，**ミラー積分回路**が使用される（演習問題12［2］参照）．

12.2　マルチバイブレータ

マルチバイブレータは，方形波を発生する回路であり，有する安定状態の数から**非安定型，単安定型，双安定型**の3種類に分類できる．これらの回路は，ゲートICやトランジスタの他，オペアンプ（演算増幅器）を用いて構成することができる．ここでは，ゲートICを用いた回路について理解しよう．

(1) 非安定マルチバイブレータ

非安定マルチバイブレータは，方形波を連続的に発生する回路である．図12.7に回路，図12.8に各点の波形を示す．

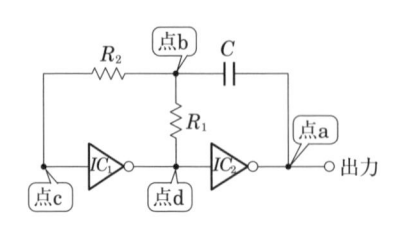

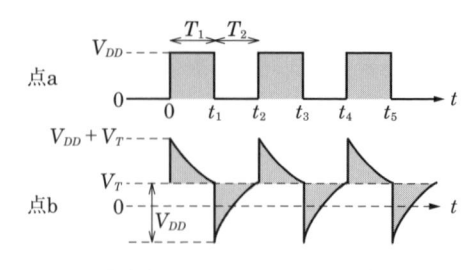

図 12.7 非安定マルチバイブレータ

図 12.8 非安定マルチバイブレータの各点の波形

図 12.7 では，入力抵抗が大きく入力端子に電流が流れにくい C-MOS 型のゲート IC を使用するとよい．また，図 12.8 の V_{DD} は電源電圧＝論理「1」の電圧，V_T はゲート IC のスレッショルド電圧を示している．

＜非安定マルチバイブレータの動作原理＞

① いま，IC_2 の出力である点 a が「1」だとする（図 12.9(a)）．すると，点 d は「0」であるから，i_1 の向きに電流が流れコンデンサ C は充電される．充電の初期には，i_1 によって抵抗 R_1 の両端に電圧が生じるために点 b は「1」となり，IC_1 の出力である点 d は「0」となり回路は安定している．

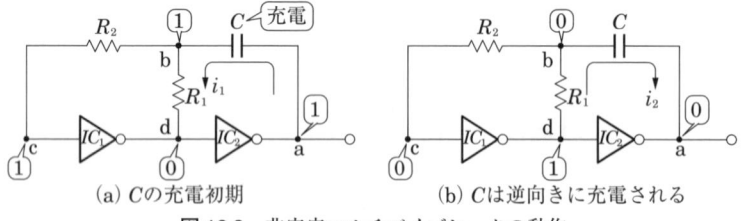

(a) C の充電初期　　(b) C は逆向きに充電される

図 12.9 非安定マルチバイブレータの動作

② C の充電が進むにつれて，点 b の電位は下がってくるが，点 b は R_2 を経由して点 c につながっているために，スレッショルド電圧 V_T 以下になると IC_1 が動作して，点 d は「1」となる（図 12.9(b)）．

③ すると，図 12.9(b) に示した i_2 の向きに電流が流れ，C は先ほどとは逆に充電される．この場合も充電初期には，R_1 に先ほどとは逆の電圧が生じるために，点 b は「0」となり回路は安定している．

④ C の充電が進むにつれて，点 b の電位は上がってくるために，それがスレッシ

ョルド電圧V_T以上になるとIC_1が動作して，点dは「0」となる．つまり，上記①の状態に戻ったのである．このようにして，上記①→②→③を繰り返す．

このようにして，出力aには，方形波が連続的に発生するのである．抵抗R_2は，IC_1の入力にV_{DD}を超える電圧が加わらないようにするために挿入してある．

次に図12.8から，発生する方形波の周期（$T_1 + T_2$）を求めてみよう．

RC回路において，t秒後の電圧は式(12.6)によって表される（過渡現象，式(12.5)は，式(12.6)に初期値0，定常値v_iを代入したものと一致する）．

$$v = 定常値 + (初期値 - 定常値)e^{-\frac{t}{RC}} \cdots\cdots(12.6)$$

はじめにT_1について考えると，点bの電圧v_bは時刻0から，初期値$V_{DD} + V_T$で定常値0へ向けて減少していくために式(12.7)のように表される．

$$v_b = (V_{DD} + V_T)e^{-\frac{t}{RC}} \cdots\cdots(12.7)$$

ここで，$t = T_1$のときに$v_b = V_T$であるから，式(12.7)は式(12.8)のようになる．

$$V_T = (V_{DD} + V_T)e^{-\frac{T_1}{RC}} \cdots\cdots(12.8)$$

これよりT_1は，式(12.9)のように表される．

$$T_1 = RC\ln\frac{V_{DD} + V_T}{V_T} \cdots\cdots(12.9)$$

一方，時刻t_1をあらためて時刻0と考えると，T_2は，初期値（$V_T - V_{DD}$）から定常値V_{DD}へ向けて増加していくために式(12.10)のように表される．

$$v_b = V_{DD} + (V_T - 2V_{DD})e^{-\frac{t}{RC}} \cdots\cdots(12.10)$$

ここで，$t = T_2$のときに$v_b = V_T$であるから，式(12.10)は式(12.11)のようになる．

$$V_T = V_{DD} + (V_T - 2V_{DD})e^{-\frac{T_2}{RC}} \cdots\cdots(12.11)$$

式(12.11)を変形すると，式(12.12)が得られる．

$$T_2 = RC\ln\frac{V_T - 2V_{DD}}{V_T - V_{DD}} \cdots\cdots(12.12)$$

これより，発生する方形波の周期は，式(12.13)のように表される．

$$T_1 + T_2 = RC\left(\ln\frac{V_{DD}+V_T}{V_T} + \ln\frac{V_T - 2V_{DD}}{V_T - V_{DD}}\right) \quad \cdots\cdots (12.13)$$

式(12.13)において，例えば $V_T = 0.5 \times V_{DD}$ とすれば，周期は式(12.14)によって求めることができる．

$$T_1 + T_2 = RC(\ln 3 + \ln 3) \fallingdotseq 2.2RC \quad \cdots\cdots (12.14)$$

(2) 単安定マルチバイブレータ

単安定マルチバイブレータは，入力されたトリガパルス1個によって方形波を1個発生する回路である．図12.10に回路，図12.11に各点の波形を示す．

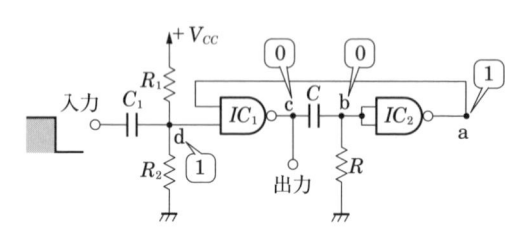

図12.10 単安定マルチバイブレータ

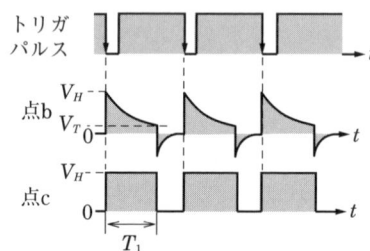

図12.11 単安定マルチバイブレータの各点の波形

＜単安定マルチバイブレータの動作原理＞

① 図12.10において，入力端子に「1」が加えられている場合，点dは抵抗R_1を通して「1」，点bは抵抗Rで接地されているので「0」となり，点a～dは図のように示した値で安定している．

② 入力から，ネガティブエッジの「0」パルスが入力されると，点dは「0」となりIC_1の出力点cは「1」に反転する．この変化はコンデンサCを通して点bに伝わるため点aは「0」に反転する．ここで入力が「0」でなくなったとしても，IC_1に点aの「0」が加わるので点cは「1」を維持する．

③ IC_1の出力点cは「1」になったので，CにはRを通じて充電電流が流れる．

④ Cの充電が進行すると，充電電流が減少して点bの電圧も下がる．点bの電圧がスレッショルド電圧V_T以下になると，IC_2は反転動作を行うため点aは「1」になり，上記①へ戻る．このようにして，①→②→③→④を繰り返す．

出力される方形波のパルス幅Tは，式(12.15)で求めることができる（演習問題12［5］参照）．

$$T_1 \fallingdotseq RC \quad \cdots\cdots\cdots\cdots\cdots\cdots\cdots\cdots\cdots\cdots\cdots\cdots\cdots\cdots\cdots (12.15)$$

(3) 双安定マルチバイブレータ

双安定マルチバイブレータは，入力されたトリガパルス1個よって方形波の立上り，または立下り動作を1回行う回路である．したがって，2つの安定状態を持つFFと同様の働きをする回路であると考えられる．ネガティブエッジ型JK-FF（第8章の73ページ参照）を双安定マルチバイブレータとして捉えた場合の回路と入出力波形を図12.12，図12.13に示す．

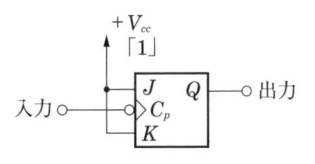

図 12.12　双安定マルチバイブレータ

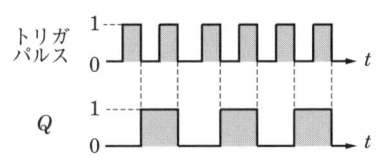

図 12.13　双安定マルチバイブレータの入出力波形

12.3　波形整形回路

入力波形を整形する回路を**波形整形回路**という．ここでは，ダイオードを用いたクリッパ，リミッタ，スライサ，クランパについて学ぼう．

(1) クリッパ（clipper）

入力波形のある電圧以上の部分を切り取る**ピーククリッパ**（図12.14参照）と，ある電圧以下の部分を切り取る**ベースクリッパ**がある．

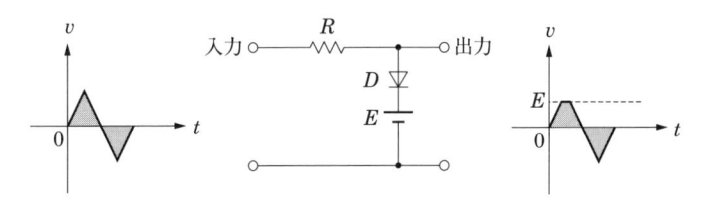

図 12.14　ピーククリッパ

クリッパでは，ダイオードDに順方向電圧が加わったとき，出力電圧がE(V)となる．図12.14では，三角波を入力した場合の出力を示している．ただし，Dは理想的なものであり，順方向電圧を0と考えている．図12.14において，DとEの極性を逆にすればベースクリッパとなる．

(2) リミッタ（limiter）

リミッタは，先ほどのピーククリッパとベースクリッパを組み合わせた回路であり，図12.15に示すように，入力波形の上部と下部を切り取って出力する．

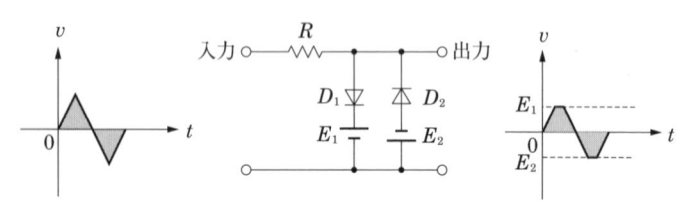

図 12.15　リミッタ

(3) スライサ（slicer）

スライサは，ダイオードの順方向電圧を利用して入力波形を薄くスライスする回路である（図12.16）．

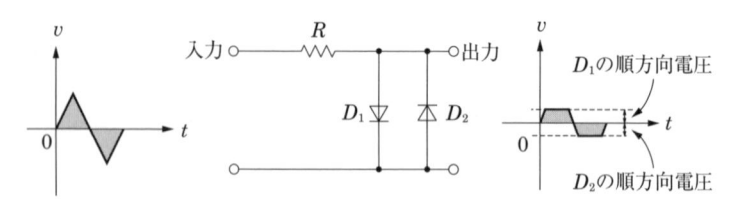

図 12.16　スライサ

(4) クランパ（clamper）

入力波形のレベルを押し下げる**負クランパ**（図12.17）と，押し上げる**正クランパ**がある．負クランパでは，Dに順方向電圧が加わったときCは充電され，入力電圧が0のとき放電される．したがって，出力波形は入力波形を押し下げられた形となる．

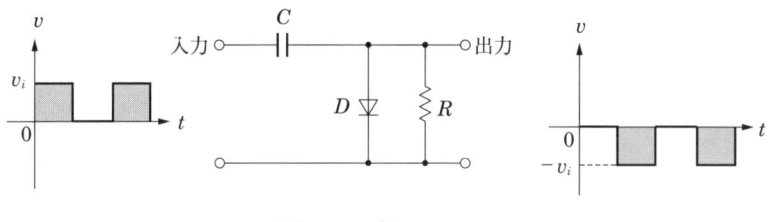

図 12.17　負クランパ

12.4　シュミットトリガ回路

シュミットトリガ (Schmitt trigger) 回路は，**ヒステリシス特性**を持った回路であり，これを応用したゲートICが市販されている．ここでは，シュミットトリガ型ゲートICの動作について理解しよう．

図12.18(a)に通常のNOTゲートの入出力特性を示す．入力電圧を0Vから徐々に上げていきスレッショルド電圧（2.5V）に達すると出力が反転する（矢印A）．そして，入力電圧が5Vになったら，入力電圧を徐々に下げていく．すると，先ほどと同じスレッショルド電圧で出力が反転する（矢印B）．

一方，シュミットトリガ型NOTゲートを用いて，これと同様の操作を行った結果を図12.18(b)に示す．この図では，入力電圧を上げていった場合（矢印A）と，下げていった場合（矢印B）では，出力が反転する入力電圧が異なっている（上げた場合3V，下げた場合1V）．つまり，シュミットトリガ型ゲートは，2つの異なったスレッショルド電圧を有しているのである．シュミットトリガ型ゲートは，図12.18(b)のようにヒステリシスループの記号を用いて表す．

シュミットトリガ回路は，パルスの雑音除去などに応用されている（演習問題12［6］参照）．

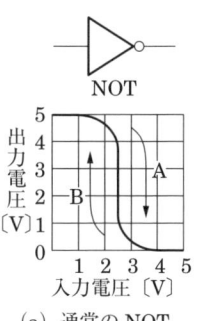

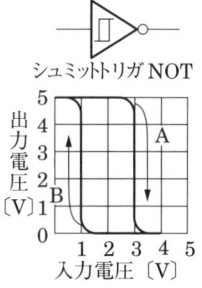

(a) 通常のNOT　　(b) シュミットトリガ型NOT

図 12.18　入力 − 出力電圧特性

● 演習問題 12 ●

[1] RC を用いた微分回路と積分回路において，それぞれの回路が微分波形と積分波形を出力するために必要な条件を示しなさい．

[2] 図 12.19 は，オペアンプを使用したミラー積分回路と呼ばれるものである．この回路では，RC 積分回路（図 12.4）よりも出力波形の直線性が改善されることを説明しなさい．

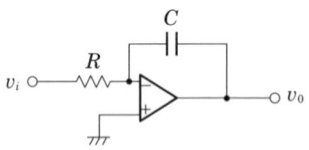

図 12.19 ミラー積分回路

図 12.20 マルチバイブレータ

[3] 3 種類のマルチバイブレータについて，それぞれの持つ安定状態の数を答えなさい．

[4] 図 12.20 に示すマルチバイブレータが発生する方形波の周期を求めなさい．ただし，ゲート IC のスレッショルド電圧 $V_T = 0.5 \times V_{DD}$ とする．

[5] 単安定マルチバイブレータのパルス幅 T_1 は，$T_1 \fallingdotseq RC$ で求められることを示しなさい．

[6] シュミットトリガ型バッファ IC に，図 12.21 に示すようなノイズを含んだ三角波を入力した場合の出力波形を示しなさい．ただし，V_{T1} は入力電圧を上げていった場合のスレッショルド電圧，V_{T2} は下げていった場合のスレッショルド電圧である．

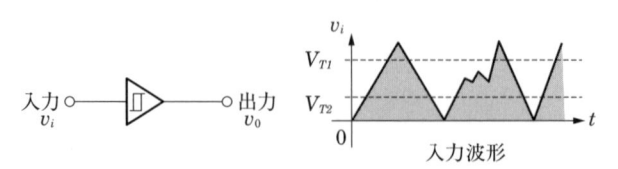

図 12.21 シュミットトリガ型ゲート

第13章 アナログ-ディジタル変換

論理回路やコンピュータで扱うデータはディジタル信号であるが，われわれが直接認知できるデータにはアナログ信号が多い．例えば，光や温度の変化をセンサで測定した結果は，アナログの電気信号で出力される．このようなアナログ信号を論理回路で処理するためには，アナログ-ディジタル変換（analog-to-digital converter：A-Dコンバータ）回路を使用する必要がある．これとは逆に，ディジタル信号をアナログ信号に変換する場合には，ディジタル-アナログ変換（digital-to-analog converter：D-Aコンバータ）回路を用いる．これらの変換回路は，音楽用CD装置やMD装置などにも応用されている．本章では，A-D，D-A変換回路についての基礎を学ぼう．

13.1 アナログ-ディジタル変換の基礎

ディジタル信号が断続的な形をしているのに対して，アナログ信号は連続的な形をしている．ディジタル信号の長所は，雑音（noise）や損失（loss）に強いことである．ここでは，アナログ信号をディジタル信号に変換する過程を考えてみよう．図13.1にアナログ-ディジタル変換の流れを示す．

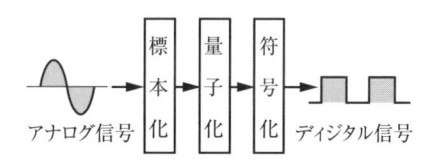

図13.1　アナログ-ディジタル変換の流れ

(1) 標本化

図13.2(a)に示すように，適当な時間間隔Δtごとに，アナログ信号の振幅を読み取ることを**標本化**，または**サンプリング**（sampling）という．標本化後には，図13.2(b)に示すような棒状の**PAM**（pulse amplitude modulation：**パルス振幅変調**）**波**が得られる．Δtを小さくするほど精密な標本化を行うことができるが，標本化後のデータは増加してしまう．

(a) 測定　　　(b) PAM波

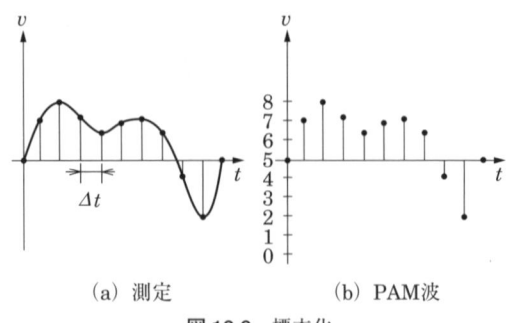

図 13.2　標本化

　標本化を行う間隔，つまり**標本化周波数**を決める場合には，1948年にシャノン（Shannon）によって発表された**標本化定理**を考慮すればよい．標本化定理は，「元のアナログ信号が含んでいる最大の周波数 f_{max} の2倍以上の標本化周波数 f_s を使用すれば，標本化後の信号から元のアナログ信号を完全に再現できる」ことを示したものである（式(13.1)）．

$$2f_{max} \leq f_s \quad \cdots\cdots\cdots\cdots\cdots\cdots\cdots\cdots\cdots\cdots\cdots\cdots\cdots\cdots (13.1)$$

例えば，人が聴くことのできる音の最大周波数は20kHz程度であるため，CDなどの音響装置で使われている標本化周波数は44.1kHzとなっている．

(2) 量子化

　量子化とは，標本化で得られたPAM波の振幅を適当な値に近似することである．図13.3に，近似法として四捨五入を用いた場合の量子化の例を示す．量子

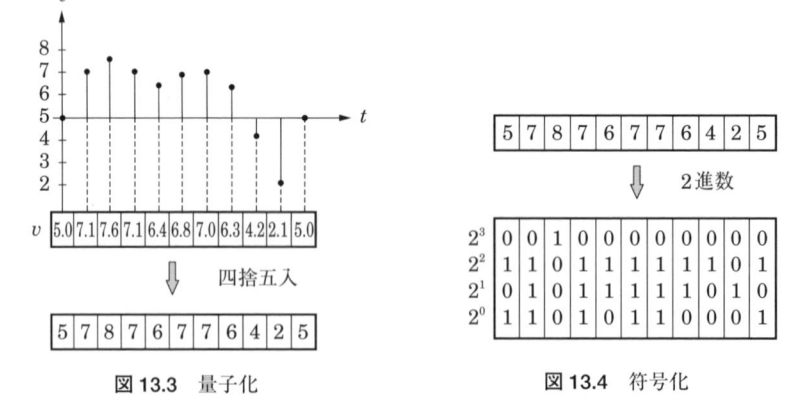

図 13.3　量子化　　　　　　図 13.4　符号化

化の際に近似で生じる誤差を**量子化誤差**という．

(3) 符号化

符号化とは，量子化したデータを2進数，つまりディジタル信号に変換することである．図13.4に，量子化データを4ビットの2進数に変換した例を示す．

符号化後のディジタル信号のビット数を多くすれば量子化誤差を少なくできるが，ビット数を無限に増やすことは不可能であるため，量子化誤差をゼロにすることはできない．

13.2　D-Aコンバータ

ディジタル信号をアナログ信号に変換するD-Aコンバータについて考えよう．

(1) 電流加算方式D-Aコンバータ

図13.5に，**電流加算方式**と呼ばれる**D-A**コンバータの回路を示す．

表13.1　スイッチと電流の関係

スイッチ	S_3	S_2	S_1	S_0
I [mA]	8	4	2	1

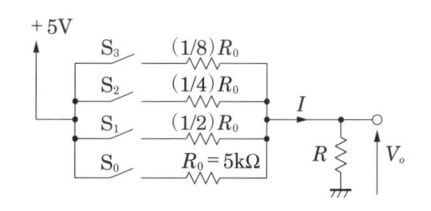

図 13.5　電流加算方式 D-A コンバータ

図13.5で，抵抗 R が非常に小さい値だとすると，スイッチ S_0 だけがONのときには，R に1mAの電流が流れる．また，S_1 だけがONのときには，R に2mAの電流が流れる．各スイッチに流れる電流は，表13.1に示すように4ビットの2進数の各ビットの重み（2^3, 2^2, 2^1, 2^0）に対応している．

複数のスイッチを同時にONにした場合，R には，各スイッチに対応した電流の和である I が流れるため，電圧 V_o は，スイッチ入力（ディジタル信号）に対応したアナログ信号となる．例えば，「1011」というディジタル信号の場合には，信号1に対応するスイッチ S_3, S_1, S_0 をONにする．すると，各スイッチに対応した電流の和 $8 + 2 + 1 = 11$ mAが R に流れる．

このように，電流加算方式では，回路に流れる電流を加算することで，ディジタル信号をアナログ信号に変換する．また，流れる電流の重みを決めるために使用する抵抗を，**加重抵抗**と呼ぶ．

この回路において，変換精度を向上させるためには，R を加重抵抗の合成抵抗よりも十分小さくすることが必要となる．しかし，R を小さくすれば，$V_o = iR$ より，取り出すアナログ信号 V_o も小さくなってしまう．そこで，図13.6に示したようにオペアンプを用いて回路を構成すれば，点aはイマジナリショートしているために，誤差の少ない変換を行うことができる．

電流加算方式のD-Aコンバータは，回路が簡単であるが，精度の高い多種類の抵抗器を必要とする欠点がある．

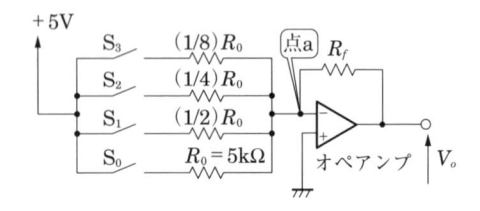

図13.6 オペアンプを使用した回路

(2) はしご型D-Aコンバータ

図13.7に，**はしご型D-Aコンバータ**の回路を示す．これは，3ビットのディジタル信号に対応したスイッチ入力をアナログ信号に変換する回路であるが，抵抗をはしごのように配置するのでこのように呼ばれている．

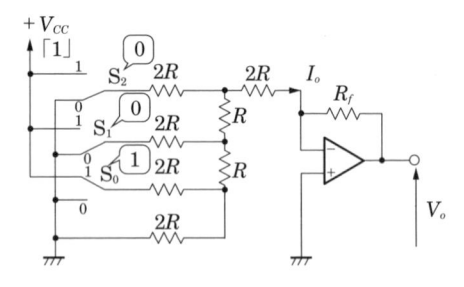

図13.7 はしご型 D-A コンバータ

例えば，入力のディジタル信号が「001」である場合を考えよう．スイッチ S_2，S_1，S_0 をディジタル信号に対応させて，それぞれ0，0，1と設定する．この場合の等価回路を図13.8(a)に示す．合成抵抗を考えると，図13.8(a)は図13.8(b)の等価回路に書き換えることができ，出力電流は I_o の2倍となる．

さらに，図13.8(b)は図13.8(c)の等価回路に書き換えることができ，出力電流は I_o の4倍となる．図13.8(c)の回路を変形すると，図13.8(d)のようになり，I_o は次のように計算できる．

(a)　　　　　　　　　　(b)

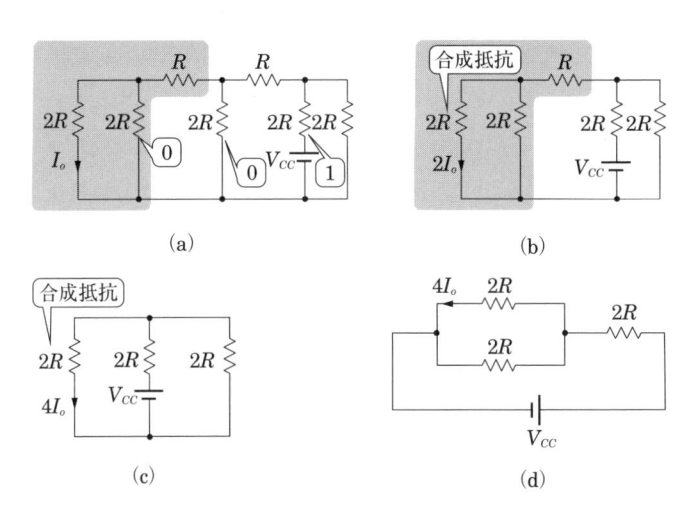

(c)　　　　　　　　　　(d)

図 13.8　入力「001」の等価回路

$$4I_o = \frac{V_{CC}}{3R} \times \frac{1}{2}$$
$$\therefore \ I_o = \frac{V_{CC}}{24R} \quad \cdots\cdots\cdots\cdots\cdots\cdots\cdots\cdots\cdots\cdots\cdots\cdots\cdots\cdots\cdots (13.2)$$

次に，ディジタル信号が「010」である場合を考える．スイッチS_2，S_1，S_0をディジタル信号に対応させて，それぞれ0，1，0と設定する．この場合の等価回路を図13.9に示す．前と同様にして，回路を変形していくと，図13.10のようになり，出力電流I_o'は式(13.3)で求めることができる．

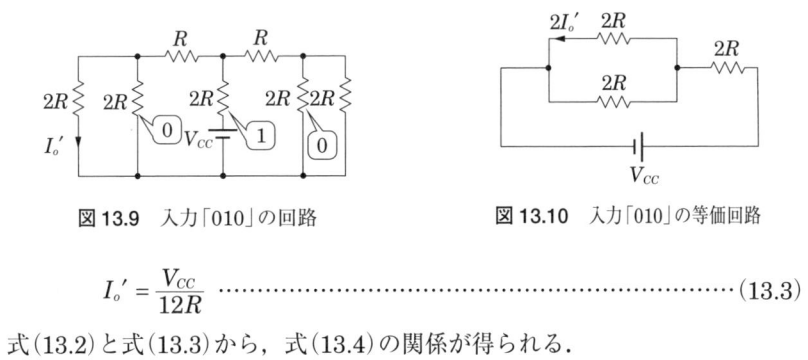

図 13.9　入力「010」の回路　　　　図 13.10　入力「010」の等価回路

$$I_o' = \frac{V_{CC}}{12R} \quad \cdots\cdots\cdots\cdots\cdots\cdots\cdots\cdots\cdots\cdots\cdots\cdots\cdots\cdots\cdots\cdots (13.3)$$

式(13.2)と式(13.3)から，式(13.4)の関係が得られる．

$$I_o' = 2I_o \quad \cdots\cdots\cdots\cdots\cdots\cdots\cdots\cdots\cdots\cdots\cdots\cdots\cdots\cdots\cdots\cdots\cdots (13.4)$$

このようにして，3ビット入力のディジタル信号の組み合せに応じた大きさの出力電流が流れることになる．すなわち，ディジタル信号入力に対応するアナログ信号を出力として取り出すことができるのである．はしご型D-Aコンバータは，Rと$2R$の2種類の抵抗で回路が構成でき，出力電流はこの抵抗比によって決まる．

13.3 A-Dコンバータ

アナログ信号をディジタル信号に変換するA-Dコンバータについて考えよう．

(1) 2重積分方式A-Dコンバータ

図13.11に2重積分方式A-Dコンバータの構成，図13.12に動作原理図を示す．このコンバータには，オペアンプを用いた**ミラー積分回路**（演習問題12[2]参照）が使用されている．

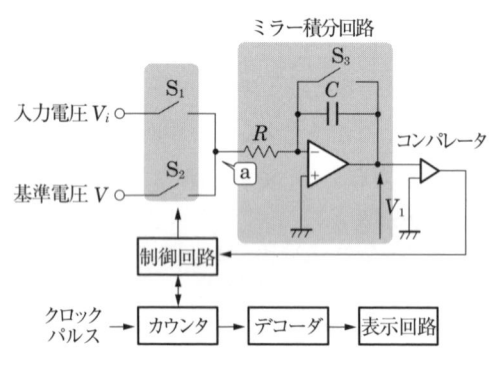

図13.11 2重積分方式A-Dコンバータの構成

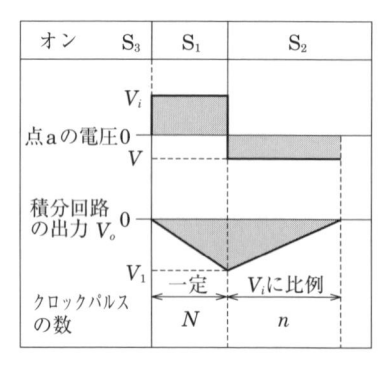

図13.12 動作原理図

<動作原理>

① スイッチS_3をONにしてコンデンサCを放電し積分回路をリセットする．

② スイッチS_3をOFF，S_1をON，S_2をOFFにして入力電圧V_iを積分回路に加える．すると積分回路からは，V_iの積分値が出力される．このときの積分時間は，カウンタを用いて一定に定める．例えば，カウンタがN個のクロックパルス

をカウントする間だとする．このとき，クロックパルスの周期をTとすると，積分回路の出力電圧V_1は，式(13.5)によって表される（解答155ページの式(12.24)参照）．

$$V_1 = -V_i \frac{t}{RC} = -V_i \frac{NT}{RC} \quad \cdots\cdots\cdots\cdots\cdots\cdots\cdots\cdots\cdots\cdots\cdots (13.5)$$

③ スイッチS_1をOFF，S_2をONにして，積分回路にマイナスの基準電圧Vを加える．すると積分回路の出力電圧は，ゼロになるまで一定の傾きで変化する．このとき，基準電圧Vを加えてから出力電圧がゼロになるまでのクロックパルスの個数をn個とする．**コンパレータ**は，出力電圧がゼロになるのを検知する働きをしている．このとき，積分回路の出力電圧V_1は，式(13.6)によって表される．

$$V_1 = -V \frac{nT}{RC} \quad \cdots\cdots\cdots\cdots\cdots\cdots\cdots\cdots\cdots\cdots\cdots\cdots\cdots\cdots\cdots (13.6)$$

④ 式(13.5)と式(13.6)から，式(13.7)が得られる．この式は，アナログの入力電圧V_iがディジタル量のnに変換できることを示している．

$$n = \frac{V_i}{V} N \quad \cdots\cdots\cdots\cdots\cdots\cdots\cdots\cdots\cdots\cdots\cdots\cdots\cdots\cdots\cdots\cdots (13.7)$$

以上ように，この方式では，2通りの積分期間があるために**2重積分方式**と呼ばれている．2重積分方式A-Dコンバータは，変換に時間がかかるのが短所である．しかし，簡単な構成で高精度の変換が行えるために，低速用A-Dコンバータとして広く用いられている．

(2) 逐次比較方式

図13.13に**逐次比較方式A-Dコンバータ**の構成を示す．この構成例は，0～8Vまでのアナログ電圧を2進数3ビットのディジタル信号に変換するものである．ただし，アナログ電圧の小数部は，切り捨てられてしまう（量子化誤差）．この回路は，D-Aコンバータを使用しているのが特徴である．コンパレータは，アナログ電圧V_iとD-Aコンバータからの出力電圧V_Aの大きさを比較するためのものである．また，逐次比較レジスタの出力端子

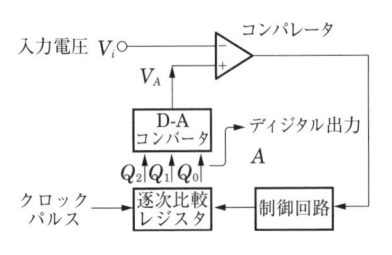

図13.13 逐次比較方式A-Dコンバータの構成

Q_2, Q_1, Q_0は，それぞれ2進数3ビットの重み4，2，1(2^2, 2^1, 2^0)に対応している．
例として，5.3Vのアナログ電圧を入力した場合の動作を考えよう（図13.14参照）．

<動作原理>
① 逐次比較レジスタのQ_2から「1」を出力(Q_1, Q_0は「0」を出力)する．
② D-Aコンバータは，入力信号「100」(Q_2, Q_1, Q_0)に対応するアナログ電圧4VをV_Aとしてコンパレータに出力する．
③ コンパレータは，V_iとV_Aを比較して，$V_i \geq V_A$ならばQ_2を「1」と決定し，$V_i < V_A$ならばQ_2を「0」と決定する．この例では，5.3＞4なので，Q_2は「1」となる．

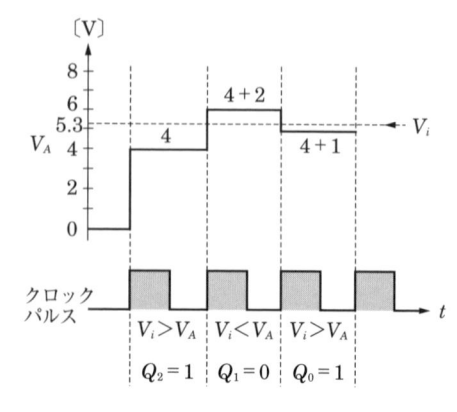

図13.14 動作例

④ 逐次比較レジスタのQ_1から「1」を出力（Q_0は「0」を出力）する．
⑤ D-Aコンバータは，入力信号「110」(Q_2, Q_1, Q_0)に対応するアナログ電圧 4＋2＝6VをV_Aとしてコンパレータに出力する．
⑥ コンパレータは，V_iとV_Aを比較する．この例では，5.3＜6（$V_i < V_A$）なのでQ_1は「0」となる．
⑦ 逐次比較レジスタのQ_0から「1」を出力する．
⑧ D-Aコンバータは，入力信号「101」(Q_2, Q_1, Q_0)に対応するアナログ電圧 4＋1＝5VをV_Aとしてコンパレータに出力する．
⑨ コンパレータは，V_iとV_Aを比較する．この例では，5.3＞5（$V_i > V_A$）なのでQ_0は「1」となる．
⑩ アナログ電圧が，ディジタル信号「101」に変換された．

逐次比較方式のA-Dコンバータは，中高速用として計測，制御，音響機器などに広く利用されている．

2重積分方式や逐次比較方式のA-Dコンバータでは，変換中に入力データが変化してしまうと，正確な変換を行うことができない．変換する入力データを一

定に保持するためには，**サンプルホールド**（sample hold）**回路**が使用される（図13.15）．

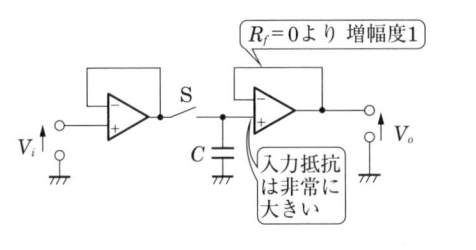

図 13.15 サンプルホールド回路の例

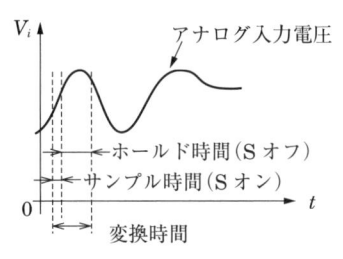

図 13.16 動作時間

スイッチSをONにして入力電圧V_iによってコンデンサCを充電した後，SをOFFにしてCを放電させることで出力V_oを取り出す（図13.16）．

(3) 並列比較方式

図13.17に，3ビットのディジタル信号出力を得るための，**並列比較方式A-Dコンバータ**の構成を示す．このコンバータでは，アナログ入力電圧を，2^n個の抵抗で分圧して，それぞれを個別のコンパレータを用いて同時に比較判定する．

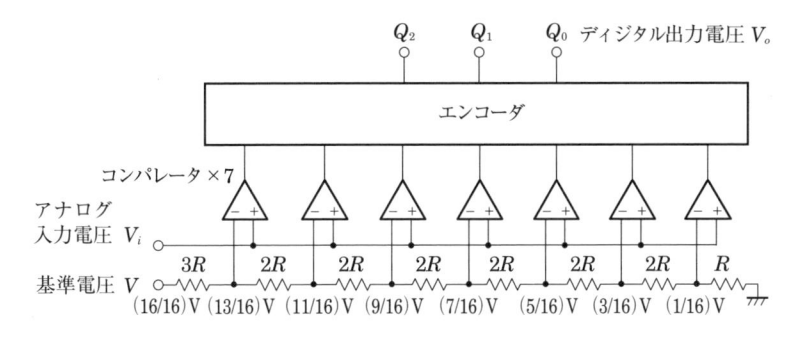

図 13.17 並列比較方式 A-D コンバータ

比較判定の結果は，エンコーダでディジタル信号に変換される．

この方式は，非常に高速な変換が可能であることから，**フラッシュ**（flash）・**コンバータ**とも呼ばれる．一方，回路が複雑で消費電力が大きいため，あまり多くのビット数を必要とせず，かつ高速性が要求される用途に向いている．

●演習問題13●

[1] 図13.18に示す回路は，どのような働きをするか説明しなさい．また．この回路に12個のクロックパルスを入力した場合に抵抗R_fに流れる電流を求めなさい．ただし，カウンタの出力「1」は5Vとする．

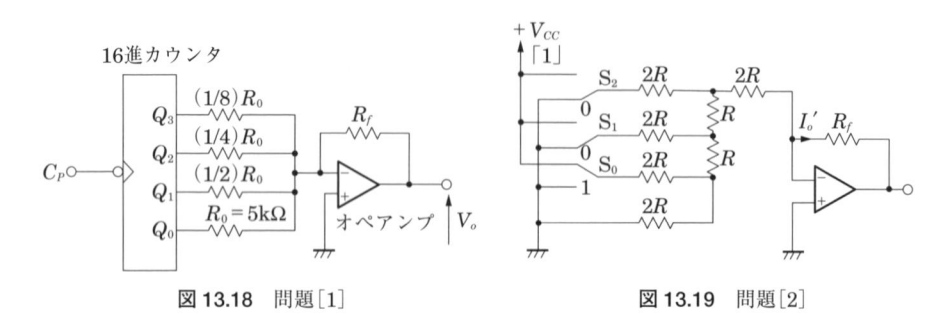

図13.18　問題[1]

図13.19　問題[2]

[2] 図13.19に示す回路において，スイッチS_2，S_1，S_0を（0，0，1）にした場合，抵抗R_fに流れる電流はI_0であった．S_2，S_1，S_0を（1，0，0）にした場合，抵抗R_fに流れる電流を求めなさい．
[3] 2重積分方式A-Dコンバータ（図13.11，図13.12参照）において，時定数RCを変えた場合の積分回路の出力について説明しなさい．
[4] 逐次比較方式A-Dコンバータ（図13.13参照）において，逐次比較レジスタの代わりに通常のアップカウンタを使った場合の動作について説明しなさい．
[5] 逐次比較方式A-Dコンバータ（図13.13参照）において，アナログ入力電圧が4.6Vであった場合の変換過程を説明しなさい．
[6] 並列比較方式A-Dコンバータの長所と短所について説明しなさい．
[7] 図13.20に示すサンプルホールド回路において，オペアンプはどのような働きをしているか説明しなさい．また，サンプル時間はどのように設定する必要があるか説明しなさい．

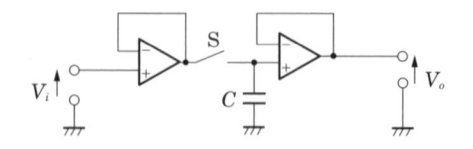

図13.20　サンプルホールド回路

第14章 設計演習

本章では，これまで学んだディジタル電子回路の知識を用いて，応用回路の設計演習を行う．回路図によって考えた事柄でも，実際に回路を製作してみると，思い違いや新たな問題点に気付くことも少なくない．課題の後に示す設計例を参照する前に，まずは自分で回路を設計してみよう．また，実際にはんだごてを握って回路を製作することをお勧めする．

14.1 設計課題1「得点表示回路」

4個のLED（発光ダイオード）を並べて表示装置とする．そして，押しボタンスイッチを1回押すたびにLEDが順次点灯する**得点表示回路**を設計せよ．表14.1に，得点の表示動作を示す．

表14.1 得点の表示動作

スイッチ ON(回数)	LED			
0	○	○	○	○
1	●	○	○	○
2	●	●	○	○
3	●	●	●	○
4	●	●	●	●

繰り返し
○:消灯
●:点灯

<設計条件>

すべてのLEDを消灯するクリアスイッチを設けること．JK-FFを使用すること．

設計例

JK-FFを用いたシフトレジスタを応用した回路を図14.1に示す．

CLR-SW（クリアスイッチ）を押した直後では，FF_0の入力$J_0 = 1$，$K_0 = 0$となっているため，次にC_P-SW（得点スイッチ）を押すと，この入力がFFに取り込まれ$Q_0 = 1$（セット動作）となる．以下，C_P-SWを押すたびにデータはシ

フトされる．すべてのFFの出力が「1」となった場合には，各FFの入力は$J_n = 1$，$K_n = 1$になり，次のクロックパルスで一斉に反転動作（「1」→「0」）する．

LEDに流す電流は，直列に挿入した抵抗Rによって決まる．一般的なLEDの順方向電圧は2V程度であるから，例えばLEDに8mAを流す場合には，図14.2と式(14.1)から，Rを定めればよい．

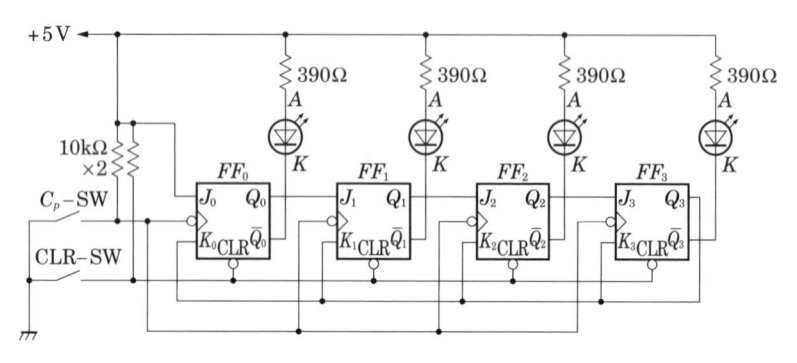

図14.1 得点表示回路1

$$R = \frac{V_R}{I} = \frac{3}{8 \times 10^{-3}} = 375\,\Omega \quad \cdots\cdots (14.1)$$

また，例えばJK‐FFにTTL型の74LS73（図14.5）を用いたとすれば，出力端子に流せる最大電流は，端子が「0」のとき8mA（吸い込み電流），「1」のとき400μA（吐き出し電流）である．したがって，出力Qが「1」のときにLEDを点灯したい場合でも，Qに直接LEDを接続すると定格電流を超えてしまう．そこで，図14.1の回路では，出力$\overline{Q}$が「0」となったときにLEDを点灯するようにしてある．

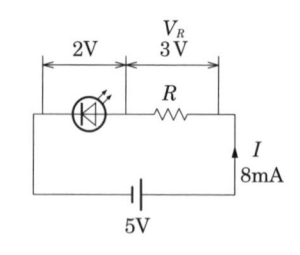

図14.2 LEDの制御

図14.1に示した回路を実際に製作して動作させると，C_P-SW（得点入力用スイッチ）で発生する**チャタリング**の影響を体験することができることだろう．チャタリングを除去するには，図14.3に示すシュミットトリガ型ゲートを用いた回路を使用すればよい．スイッチで発生したチャタリングを，RC回路の充放電特性によって緩和した後，シュミットトリガ型ゲートに入力している．

時定数を大きくすると，チャタリングをより有効に除去できるが，動作時間も長くなってしまう．図14.3の回路では，TTLの場合 R = 220 Ω，C = 47μF，C-MOSの場合 R = 4.7kΩ，C = 4.7μF 程度に設定すればよい．

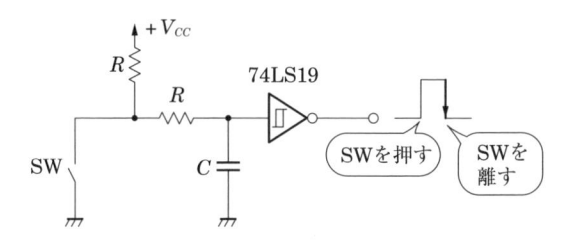

図 14.3 チャタリング除去回路

図14.4に，チャタリング除去回路を組み入れた後の得点表示回路を示す．また図14.5に使用したTTL ICのピン配置，図14.6に製作した回路の外観例を示す．

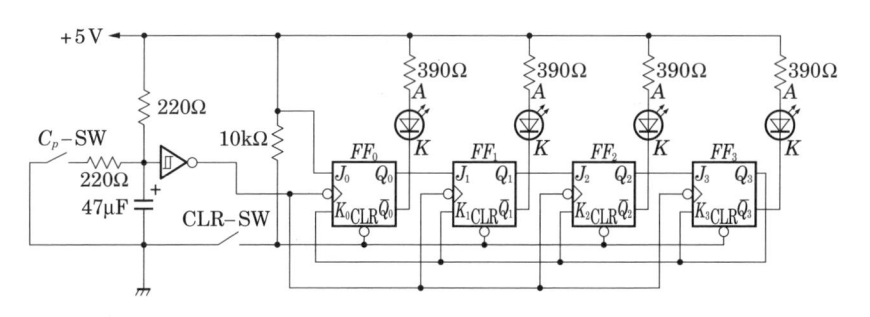

図 14.4 得点表示回路2

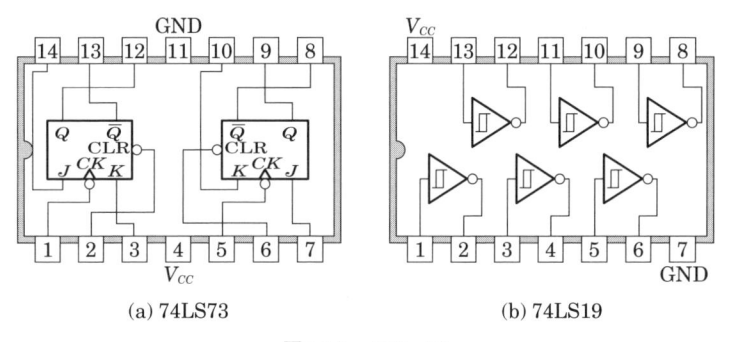

(a) 74LS73   (b) 74LS19

図 14.5 TTL IC

14.1 設計課題1「得点表示回路」　133

図 14.6 得点表示回路の製作例

14.2 設計課題 2「電子サイコロ」

7個の LED を図 14.7 に示すように配置し，押しボタンスイッチによって動作する**電子サイコロ**の回路を設計せよ．

＜設計条件＞

サイコロの目の表示「1～6」はランダムに変化すること．

図 14.7 表示部

設計例

図 14.8 に，回路の構成例を示す．方形波を連続的に発生する発振回路によって，6進カウンタを動作させ，その出力をデコードしてサイコロの目を表示す

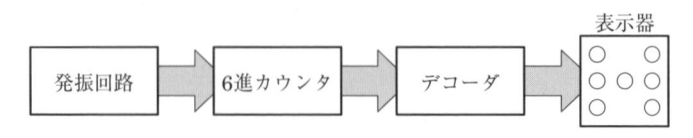

図 14.8 電子サイコロ回路の構成例

134　第14章 設計演習

る．

　発振回路の周波数をある程度高くしておき，適当なところでカウンタを停止させるようにすれば，人の感覚ではサイコロの目を予想できない．つまり，ランダムな目と考えてよいだろう．それでは，表示器とデコーダの設計から始めよう．

① 表示器とデコーダの設計

　表14.2に，デコーダの真理値表を示す．入力ABCは，6進カウンタからの出力である．出力F_0〜F_6は，7個のLEDに対応する．図14.7と表14.2から，サイコロの目の表示を確認されたい．

　表14.2から求めた各出力F_nの論理式をカルノー図によって簡単化する（図14.9）．

表14.2　デコーダの真理値表

目	入力			出力						
	A	B	C	F_0	F_1	F_2	F_3	F_4	F_5	F_6
1	0	0	0	0	0	0	1	0	0	0
2	0	0	1	0	0	1	0	1	0	0
3	0	1	0	0	0	1	1	1	0	0
4	0	1	1	1	0	1	0	1	0	1
5	1	0	0	1	0	1	1	1	0	1
6	1	0	1	1	1	1	0	1	1	1
/	1	1	0	未使用（−）						
/	1	1	1							

$F_0 = A + BC$　　$F_1 = AC$　　$F_2 = A + B + C$　　$F_3 = \overline{C}$

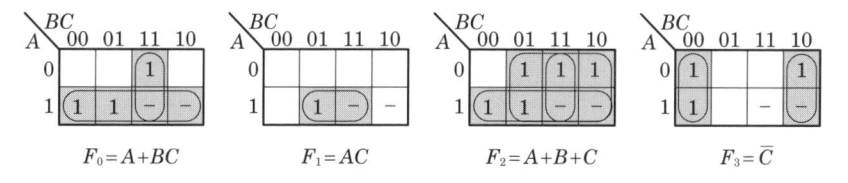

図14.9　デコーダのカルノー図

また，各出力には，式(14.2)に示す関係がある．

$$F_0 = F_6,\ F_1 = F_5,\ F_2 = F_4 \quad\cdots\cdots (14.2)$$

これにより，図14.10のデコーダと表示器の回路が得られる．例えば，ICにC-MOSの74HCシリーズを使用するとすれば，出力端子に流せる最大電流は端子が「1」，「0」どちらの場合であっても25mAである．したがって，出力「1」のときに，そのまま2個のLEDを制御できる．

　また，この課題で使用するC-MOSを図14.11に示す．ORゲートの74HC32は，2入力であるために，ORを2個使用して3入力ORを得るとよい．

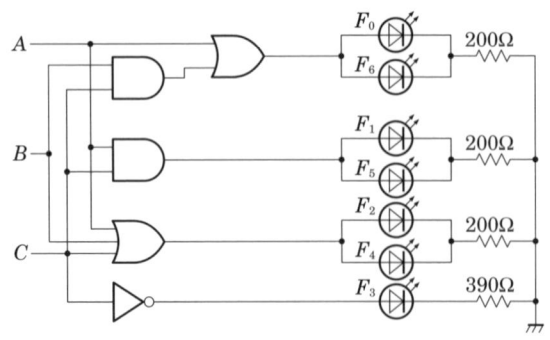

図14.10　デコーダと表示器

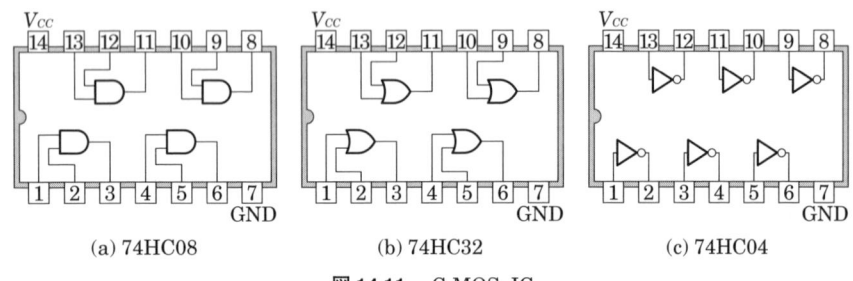

(a) 74HC08　　　(b) 74HC32　　　(c) 74HC04

図14.11　C-MOS IC

② 6進カウンタの設計

　ここでは，JK-FFを用いた同期式6進カウンタを励起表から設計する．

　表14.3に示した励起表から，端子J_n，K_nの論理式を求めると式(14.3)～式(14.5)のようになる．これらの式をカルノー図によって簡単化すると式(14.6)～式(14.8)が得られる(図14.12)．

　したがって，同期式6進カウンタは図14.13のような回路となる．デコーダでは74HC08中の2個のANDを使用したので，ここでは残っている2個のANDを使用すればよい．

表14.3　6進カウンタの励起表

クロックパルス	Q^t			入力条件						Q^{t+1}		
	Q_2	Q_1	Q_0	J_2	K_2	J_1	K_1	J_0	K_0	Q_2	Q_1	Q_0
1	0	0	0	0	ϕ	0	ϕ	1	ϕ	0	0	1
2	0	0	1	0	ϕ	1	ϕ	ϕ	1	0	1	0
3	0	1	0	0	ϕ	ϕ	0	1	ϕ	0	1	1
4	0	1	1	1	ϕ	ϕ	1	ϕ	1	1	0	0
5	1	0	0	ϕ	0	0	ϕ	1	ϕ	1	0	1
6	1	0	1	ϕ	1	0	ϕ	ϕ	1	0	0	0
7	1	1	0	未使用($-$)								
8	1	1	1									

$$\left.\begin{aligned}J_0 &= \overline{Q_2}\,\overline{Q_1}\,\overline{Q_0} + \overline{Q_2}Q_1\overline{Q_0} + Q_2\overline{Q_1}\,\overline{Q_0} \\ K_0 &= \overline{Q_2}\,\overline{Q_1}Q_0 + \overline{Q_2}Q_1Q_0 + Q_2\overline{Q_1}Q_0\end{aligned}\right\} \cdots\cdots\cdots\cdots\cdots\cdots\cdots (14.3)$$

$$\left.\begin{aligned}J_1 &= \overline{Q_2}\,\overline{Q_1}Q_0 \\ K_1 &= \overline{Q_2}Q_1Q_0\end{aligned}\right\} \cdots\cdots\cdots\cdots\cdots\cdots\cdots\cdots\cdots\cdots\cdots (14.4)$$

$$\left.\begin{aligned}J_2 &= \overline{Q_2}Q_1Q_0 \\ K_2 &= Q_2\overline{Q_1}Q_0\end{aligned}\right\} \cdots\cdots\cdots\cdots\cdots\cdots\cdots\cdots\cdots\cdots\cdots (14.5)$$

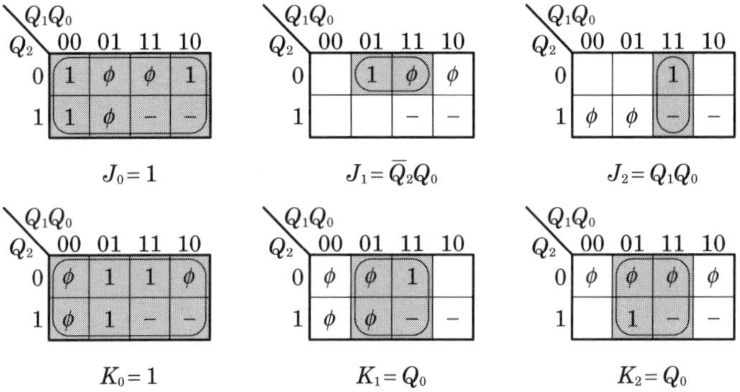

図 **14.12** 6進カウンタのカルノー図

$$\left.\begin{aligned}J_0 &= 1 \\ K_0 &= 1\end{aligned}\right\} \cdots\cdots\cdots\cdots\cdots\cdots\cdots\cdots\cdots\cdots\cdots\cdots\cdots (14.6)$$

$$\left.\begin{aligned}J_1 &= \overline{Q_2}Q_0 \\ K_1 &= Q_0\end{aligned}\right\} \cdots\cdots\cdots\cdots\cdots\cdots\cdots\cdots\cdots\cdots\cdots\cdots (14.7)$$

$$\left.\begin{aligned}J_2 &= Q_1Q_0 \\ K_2 &= Q_0\end{aligned}\right\} \cdots\cdots\cdots\cdots\cdots\cdots\cdots\cdots\cdots\cdots\cdots\cdots (14.8)$$

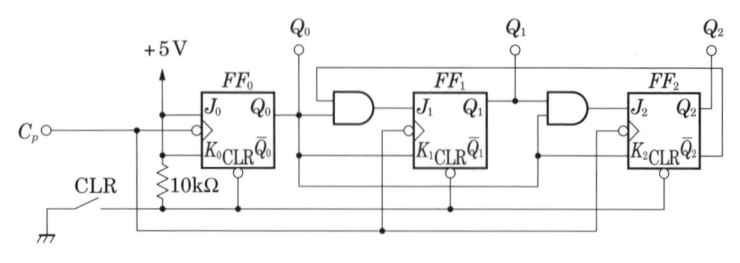

図14.13 同期式6進カウンタ

図14.13で使用したJK‐FFは74HC73であり，そのピン配置は図14.5(a)の74LS73と同じである．

③ 発振回路の設計

NOTを使用した非安定マルチバイブレータを設計しよう．例えば，発振周波数を20kHz程度にして，発生した方形波を同期式6進カウンタへ入力すれば，人の感覚では追いつけない速度でカウントが

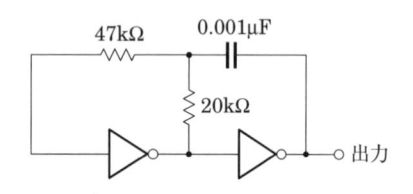

図14.14 非安定マルチバイブレータ

行われる．図14.14に示した非安定マルチバイブレータの発振周波数は，式(14.9)のように計算できる．オシロスコープや周波数カウンタが用意できるなら，出力信号を測定してみよう．

$$f = \frac{1}{T} = \frac{1}{2.2RC} = \frac{1}{2.2 \times 20 \times 10^3 \times 0.001 \times 10^{-6}} \fallingdotseq 22.7 \text{ kHz} \quad \cdots (14.9)$$

ここで設計した発振回路の出力を6進カウンタのクロックパルスとして使用し，押しボタンスイッチによって入力と非入力を切り替えればよい．

図14.15，図14.16に電子サイコロの全回路図と製作例を示す．スタートSWを押している間は，サイコロの目が高速で変化する．適当な時間だけ押した後，スイッチを離すとランダムなサイコロの目が表示される．

クリアSWは，必要なければ省略できる．この場合には，各FFのCLR端子をすべて+5Vにプルアップしておけばよい．

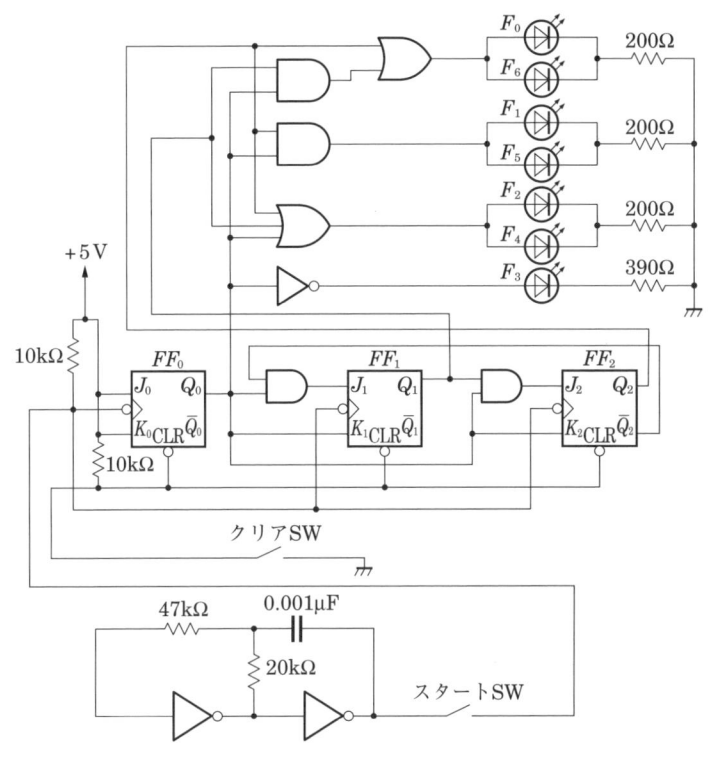

図 14.15　電子サイコロの全回路図

図 14.16　電子サイコロの製作例

14.2 設計課題2「電子サイコロ」

●演習問題14●

[1] 図14.4のチャタリング除去回路を組み入れた得点表示回路では，電源投入時に1個のパルスがシフトレジスタに入力される．この原因を説明しなさい．
[2] 2個の2入力ORを用いて3入力ORを構成しなさい．
[3] 図14.15に示した電子サイコロの回路において，スタートSWで生じるチャタリングを除去する回路は備わっていない．このことについて説明しなさい．
[4] 図14.17に示す電子部品は，7セグメントLEDと呼ばれるものである．

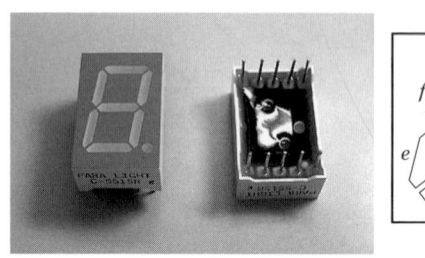

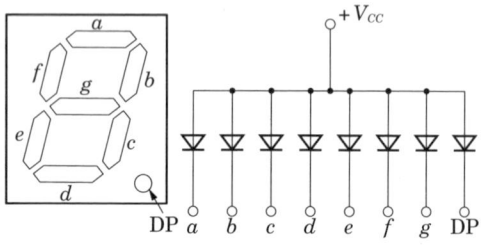

(a) 外観　　　　(b) セグメントの記号　　　(c) 内部回路

図14.17　セグメントLED

7個のLEDを用いて，発光する組み合わせで数字などを表示することができる．DP（decimal point）は，小数点である．この7セグメントLEDを用いて，表14.4に示す真理値表のような動作をするデコーダを設計しなさい．

表14.4　7セグメントLEDの真理値表（出力「0」で点灯）

10進数	入力				出力							表示
	A	B	C	D	a	b	c	d	e	f	g	
0	0	0	0	0	0	0	0	0	0	0	1	0
1	0	0	0	1	1	0	0	1	1	1	1	1
2	0	0	1	0	0	0	1	0	0	1	0	2
3	0	0	1	1	0	0	0	0	1	1	0	3
4	0	1	0	0	1	0	0	1	1	0	0	4
5	0	1	0	1	0	1	0	0	1	0	0	5
6	0	1	1	0	0	1	0	0	0	0	0	6
7	0	1	1	1	0	0	0	1	1	1	1	7
8	1	0	0	0	0	0	0	0	0	0	0	8
9	1	0	0	1	0	0	0	0	1	0	0	9

演習問題解答

1章 解答 …………………………………… 142
2章 解答 …………………………………… 142
3章 解答 …………………………………… 144
4章 解答 …………………………………… 144
5章 解答 …………………………………… 145
6章 解答 …………………………………… 145
7章 解答 …………………………………… 147
8章 解答 …………………………………… 148
9章 解答 …………………………………… 150
10章 解答 ………………………………… 152
11章 解答 ………………………………… 153
12章 解答 ………………………………… 154
13章 解答 ………………………………… 157
14章 解答 ………………………………… 157

●演習問題解答●

1章

[1] ① 100000000B
② 10011100B
③ 11110010B
④ 1110B

[2] ① 1101100001B
② 329
③ 174BFH
④ 56404
⑤ CEH
⑥ 111100111110B
⑦ 101011.1101B
⑧ 3.71875

[3] ① 1の補数：01001000B，2の補数：01001001B
② 110011B + 101001B = 011100B
③ 10011111B
④ 01010111

[4] 長所：10進数との基数変換が簡単
短所：4ビットのうち，AH～FHに対応する部分が無駄になる．

2章

[1]

A	B	C	F
0	0	0	0
0	0	1	1
0	1	0	1
0	1	1	1
1	0	0	1
1	0	1	1
1	1	0	1
1	1	1	1

[2] ① $F = A \cdot \overline{B} + \overline{A} \cdot B$
② $F = A \cdot B \cdot \overline{C}$

[3]

A [A B] + $\overline{A}\cdot B$ [A B] = $A+B$ [A B]

[4] ① $F = A + \overline{A + \overline{B}} = A + \overline{A}\cdot \overline{\overline{B}} = A + \overline{A}B = A + B$

② $F = (A + \overline{B} + C)(A + B + \overline{C})$

$= AA + AB + A\overline{C} + A\overline{B} + B\overline{B} + \overline{B}\overline{C} + AC + BC + C\overline{C}$

$= A + AB + A\overline{C} + A\overline{B} + \overline{B}\overline{C} + AC + BC$

$= A(1 + B + \overline{C} + \overline{B} + C) + \overline{B}\overline{C} + BC$

$= A + \overline{B}\overline{C} + BC$

③ $F = (A + B + C)(\overline{A} + B + C)(A + \overline{B} + C)(A + B + \overline{C})$

$= \{(A+B+C)(\overline{A}+B+C)\}\{(A+B+C)(A+\overline{B}+C)\}\{(A+B+C)(A+B+\overline{C})\}$

$= (B+C)(A+C)(A+B) = AB + AC + BC$

[5] $F = \overline{\overline{A}\cdot\overline{B}\cdot\overline{C}} = \overline{\overline{A}\cdot\overline{B}} + \overline{\overline{C}} = \overline{\overline{A}} + \overline{\overline{B}} + C = A + B + C$

[6] ① $F = \overline{A}B + CD + \overline{B}D$

② $F = \overline{(\overline{A}\cdot B)} \oplus C$

[7]

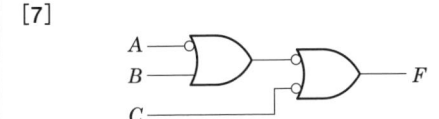

```
A ─┐
B ─┤>o─┐
       ├>o──── F
C ─────┘
```

[8] $F = A \oplus B \oplus C$

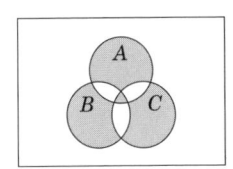

(ベン図: A, B, C の3円)

[9] 一方の式の OR を AND 演算にし，1 と 0 を置き換えれば，他方の式が得られる性質を双対性という（第2章の14ページ参照）．

3章

[1] ① $F = (A+B+C)(A+B+\overline{C})(\overline{A}+B+\overline{C})$

② $F = \overline{A}\overline{B}\overline{C} + \overline{A}BC + A\overline{B}C + AB\overline{C} + ABC$

③ $F = A\overline{C} + B$

④

```
A ──┐
    ├─NAND─┐
B ──┤      ├─OR── F
    │      │
C ──┘──────┘
```

[2] (a) $F = ABD$

(b) $F = \overline{B}\overline{D}$

[3] ① $F = ABC + AB\overline{C} + A\overline{B}C + \overline{A}BC$

② $F = \overline{A}BC + A\overline{B}\overline{C} + A\overline{B}C + ABC$

[4] $F = (A+B+C)(A+B+\overline{C})(A+\overline{B}+\overline{C})(\overline{A}+\overline{B}+C)$

[5] ① $F = \overline{A}\overline{B} + AC$

② これ以上は，簡単化できない

[6] $F = \overline{B}C\overline{D} + \overline{A}CD + AB\overline{C}D$

4章

[1]

ファミリ	消費電力	伝搬遅延時間	対静電気特性
LS		○	○
HC	○		

[2] ① バッファ ② 3入力AND ③ 8入力NAND

[3] ICに入力信号を加えた場合，それに対応する出力信号が得られるまでの時間

[4] ICが，論理信号の0と1を区別する境界の電圧

[5] 出力ピンが信号0のとき：8mA ÷ 400μA = 20

出力ピンが信号1のとき：400μA ÷ 20μA = 20

したがって，ファンアウトは20本となる．

[6] $F = \overline{A \cdot B \cdot C \cdot D}$

5章

[1] $A_0 = B_0$ かつ $A_1 = B_1$ のときに出力 F が「1」となる一致回路である．

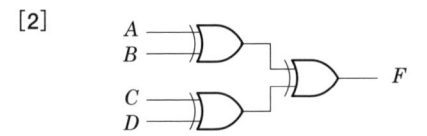

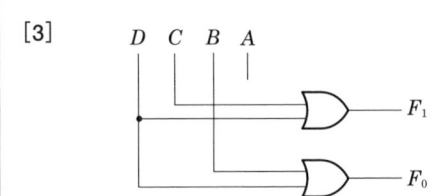

[2]
```
A ─┐
B ─┤ OR ─┐
         ├─ OR ── F
C ─┐     │
D ─┤ OR ─┘
```

[3]
```
D  C  B  A
│  │  │  │
├──┼──┼── OR ── F_1
│  │
└──┴───── OR ── F_0
```

入力 A は，識別されない（ドントケア：don't care）

[4] 入力に優先順位をつける．例えば，A，B，C，D の順に高い優先順位を付けておくと，$B = C = 1$ かつ $A = D = 0$ の場合には，入力 B のデータが優先されるために，$F_1 = 0$，$F_0 = 1$ となり入力 B を判別できる．このような機能をプライオリティ機能という．回路を設計する場合には，入力のすべての組み合わせについての真理値表より論理式を求める．

[5] マルチプレクサ回路

[6] 図5.13はデコーダを使用した選択信号処理部を分離して記述した 4×1 マルチプレクサ回路であり，図5.14は式(5.1)から直ちに求めた回路である．論理的には，どちらも同じ動作をする．図5.17と図5.18も同様の考え方による 1×4 のデマルチプレクサ回路である．

6章

[1] 全加算器は式(6.2)で表される．

$$\left. \begin{array}{l} S = \overline{A}\,\overline{B}C_i + \overline{A}B\overline{C_i} + A\overline{B}\,\overline{C_i} + ABC_i \\ C_0 = \overline{A}BC_i + A\overline{B}C_i + AB\overline{C_i} + ABC_i \end{array} \right\} \quad \cdots\cdots\cdots\cdots\cdots\cdots (6.2)$$

これより

$$S = \overline{C_i}(\overline{A}B + A\overline{B}) + C_i(\overline{AB} + AB)$$
$$= \overline{C_i}(A \oplus B) + C_i(\overline{A \oplus B})$$
$$= A \oplus B \oplus C_i$$
$$C_0 = (\overline{A}B + A\overline{B})C_i + AB(\overline{C_i} + C_i)$$
$$= (A \oplus B)C_i + AB$$

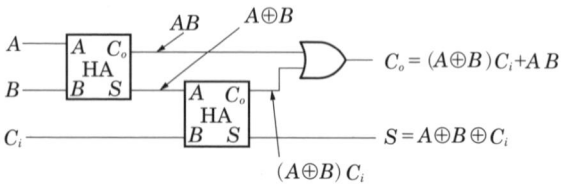

```
         AB      A⊕B
   A ──┬──┐ ┌──┐
        │A  Co│
        │ HA  │
   B ──┤B   S ├──┐         ┌──┐
        └──┘    │         │  ├── Co = (A⊕B)Ci+AB
                │  ┌──┐   │OR│
                │  │A Co├──┤  │
                │  │HA  │   └──┘
   Ci ──────────┴──┤B  S├──── S = A⊕B⊕Ci
                   └──┘
                  (A⊕B)Ci
```

[2] 全減算器は,式(6.8)で表される.

$$D = \overline{A}\overline{B}B_i + \overline{A}B\overline{B_i} + A\overline{B}\overline{B_i} + ABB_i \Big\}$$
$$B_0 = \overline{A}\overline{B}B_i + \overline{A}B\overline{B_i} + \overline{A}BB_i + ABB_i \Big\} \quad \cdots\cdots\cdots (6.8)$$

これより

$$D = \overline{B_i}(\overline{A}B + A\overline{B}) + B_i(\overline{A}\overline{B} + AB)$$
$$= A \oplus B \oplus B_i$$
$$B_0 = \overline{A}B(\overline{B_i} + B_i) + B_i(\overline{A}\overline{B} + AB)$$
$$= \overline{A}B + B_i(\overline{A \oplus B})$$

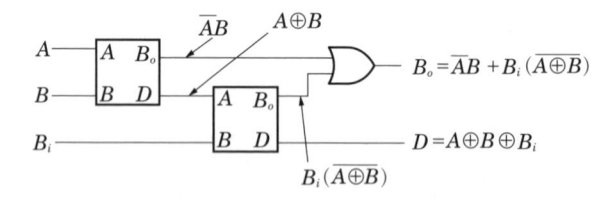

```
         A̅B      A⊕B
   A ──┬──┐
        │A  Bo│
        │     │
   B ──┤B   D ├──┐         ┌──┐
        └──┘    │         │OR├── Bo = A̅B + Bi(A⊕B‾)
                │  ┌──┐   │  │
                │  │A Bo├──┤  │
                │  │    │   └──┘
   Bi ─────────┴──┤B  D├──── D = A⊕B⊕Bi
                   └──┘
                  Bi(A⊕B‾)
```

[3] どちらも組み合せ回路である.

[4]

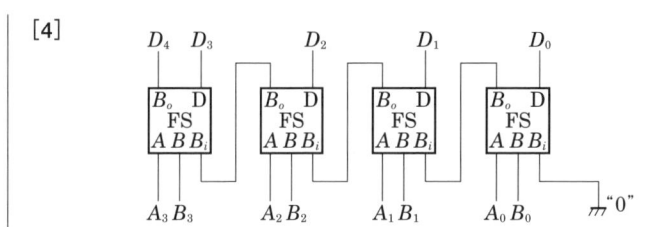

$D_4\ D_3\quad D_2\quad D_1\quad D_0$

[B_o D / FS / A B B_i] — [B_o D / FS / A B B_i] — [B_o D / FS / A B B_i] — [B_o D / FS / A B B_i] — "0"

$A_3\ B_3\quad A_2\ B_2\quad A_1\ B_1\quad A_0\ B_0$

[5] $A_3A_2A_1A_0 < B_3B_2B_1B_0$ のときに「1」となる.

[6] $A_3A_2A_1A_0 \times B_3B_2B_1B_0$ を計算する乗算回路として動作する.

7章

[1] 次の入力に対する動作が不安定となってしまうため（第7章の66ページ参照）.

[2] RS-FF の特性方程式は次式で表される（式(7.2)）.

$$Q^{t+1} = S + \overline{R}Q^t \quad \text{ただし,}\ SR = 0$$

この式を変形すると例題の式が得られる.

$$Q^{t+1} = S(R+\overline{R}) + \overline{R}Q^t \quad \text{（補元の法則）}$$
$$= \overline{R}(S+Q^t) + SR \quad (SR=0)$$
$$= \overline{R}(S+Q^t)$$
$$= \overline{\overline{\overline{R}(S+Q^t)}} \quad \text{（復元の法則）}$$
$$= \overline{R+\overline{S+Q^t}} \quad \text{（ド・モルガンの定理）}$$

$$\overline{Q^{t+1}} = R + \overline{S+Q^t} \quad \text{（復元の法則）}$$
$$= R + \overline{S}\,\overline{Q^t} \quad \text{（ド・モルガンの法則）}$$
$$= R(S+\overline{S}) + \overline{S}\,\overline{Q^t} \quad \text{（補元の法則）}$$
$$= \overline{S}(R+\overline{Q^t}) + SR \quad (SR=0)$$
$$= \overline{S}(R+\overline{Q^t})$$
$$= \overline{\overline{\overline{S}(R+\overline{Q^t})}} \quad \text{（復元の法則）}$$
$$= \overline{S+\overline{\overline{R+\overline{Q^t}}}} \quad \text{（ド・モルガンの定理）}$$

[3] ①

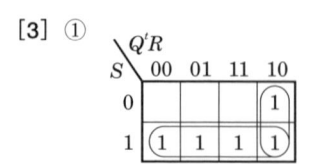

S \ $Q^t R$	00	01	11	10
0				1
1	1	1	1	1

② $\quad Q^{t+1} = Q^t \overline{R} + S$

[4] クロック信号C_Pに同期して動作するリセット優先RS-FFである．

[5] RS-FFの保持（ラッチ）機能を応用している（第7章の67ページ参照）．

8章

[1] 2本の入力端子を同時に「1」にした場合，セット優先RS-FFでは$Q=1$となるが，JK-FFでは出力Qが反転する．その他の入力では，同じ動作をする．

[2] 第8章の72ページ，式(8.2)参照．

[3] マスタ部とスレーブ部の2個のFFで構成されており，マスタ部の動作後に，スレーブ部が従属して動作する．詳しくは第8章の72ページ参照．

[4] 次の回路は，図8.18の一部（点AからIC_3への入力）を省略したものである．この回路では，$C_P = 0$の場合には，点A，Bが「1」となりQと$\overline{Q}$は保持されている（IC_5とIC_6で，入力$\overline{S}$と$\overline{R}$のRS-FFを考える）．その後，C_Pが「1」に立ち上がるときの動作を$D=0$と$D=1$の場合に分けて考えよう．

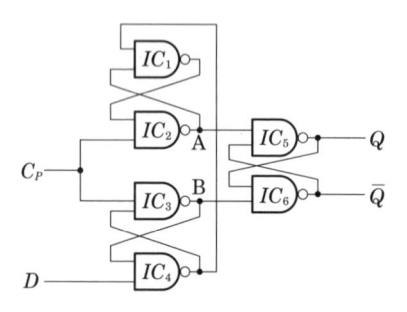

① $D=0$の場合

　$C_P = 0$では，IC_4の出力は「1」，IC_1の出力は「0」である．ここで，$C_P = 1$に変化すると，$A=1$，$B=0$となり，$Q=0$，$\overline{Q}=1$となる．この状態で，

仮に D が「1」に変化したとしても，IC_4 の出力は「1」のままであり，点A，Bの値は変わらない．つまり，入力 $D = 0$ が出力 Q に反映される．

② $D = 1$ の場合

$C_P = 0$ では，IC_4 の出力は「0」，IC_1 の出力は「1」である．ここで，$C_P = 1$ に変化すると，$A = 0$, $B = 1$ となり，$Q = 1$, $\bar{Q} = 0$ となる．この状態で仮に D が「0」に変化したとすると，IC_4 の出力は「1」となり，$A = 0$, $B = 0$ のRS-FFの禁止条件（IC_5 と IC_6 の入力が同時に「0」となる）に該当してしまう．したがって，このときに $B = 1$ とするように工夫する必要がある．このために，入力 D が「1」→「0」に変化した場合でも，点Aは「0」のままであることを利用する．つまり，図8.18のように，点Aを IC_3 の入力に接続して強制的に $B = 1$ とする．こうすることで，RS-FFのセット動作によって入力 $D = 1$ が出力 Q に反映される．このように，クロックパルスのポジティブエッジで動作するD-FFが構成できる．

[5] T-FF，JK-FFの励起表

Q^t	Q^{t+1}	T	J	K
0	0	0	0	ϕ
0	1	1	1	ϕ
1	0	1	ϕ	1
1	1	0	ϕ	0

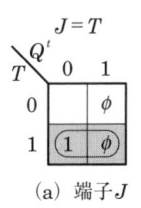

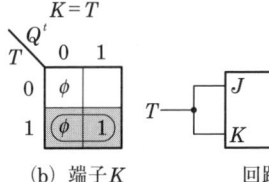

(a) 端子 J ($J = T$)
(b) 端子 K ($K = T$)
回路

[6] D-FF，JK-FFの励起表

Q^t	Q^{t+1}	D	J	K
0	0	0	0	ϕ
0	1	1	1	ϕ
1	0	0	ϕ	1
1	1	1	ϕ	0

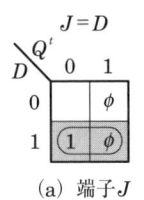

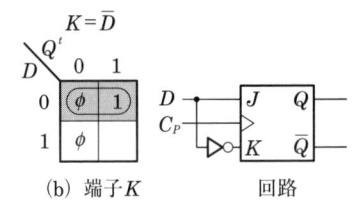

(a) 端子 J ($J = D$)
(b) 端子 K ($K = \bar{D}$)
回路

[7] 出力 Q_3 の波形をみると，図8.19のシフトレジスタにセットした並列データが，C_P のネガティブエッジごとに直列出力されていることがわかる．

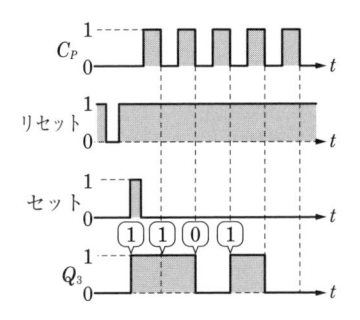

9章

[1] ミーリー型は，現在の入力$x(t)$と現在の内部状態$s(t)$によって出力$z(t)$が決まる．一方，ムーア型は，現在の内部状態$s(t)$のみによって出力$z(t)$が決まる．

[2] 状態遷移表

現在の状態＼入力	SR			
	00	01	10	11
$s_0 (Q=0)$	s_0/0	s_0/0	s_1/1	s_1/1
$s_1 (Q=1)$	s_1/1	s_0/0	s_1/1	s_1/1

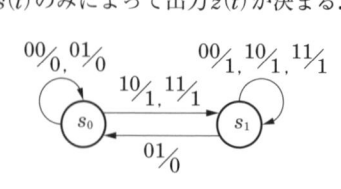

状態遷移図：s_0 に $00/0, 01/0$ のセルフループ，$s_0 \to s_1$ が $10/1, 11/1$，s_1 に $00/1, 10/1, 11/1$ のセルフループ，$s_1 \to s_0$ が $01/0$．

[3] ①

詳しい状態遷移表

現在の状態		入力	次の状態			D-FFの入力		出力
y_0	y_1	x		y_0	y_1	D_0	D_1	Z
s_0 0	1	0	s_0	0	1	0	1	0
s_0 0	1	1	s_1	0	0	0	0	0
s_1 0	0	0	s_1	0	0	0	0	0
s_1 0	0	1	s_2	1	0	1	0	0
s_2 1	0	0	s_2	1	0	1	0	0
s_2 1	0	1	s_3	1	1	1	1	1
s_3 1	1	0	s_0	0	1	0	1	0
s_3 1	1	1	s_1	0	0	0	0	0

②
$$D_0 = x\overline{y_0}\,\overline{y_1} + \overline{x}y_0\,\overline{y_1} + xy_0\,\overline{y_1} = x\overline{y_1} + y_0\overline{y_1}$$
$$D_1 = \overline{x}\,\overline{y_0}y_1 + xy_0\,\overline{y_1} + \overline{x}y_0y_1 = \overline{x}y_1 + xy_0\,\overline{y_1}$$
$$Z = xy_0\overline{y_1}$$

③ 上記②で求めた論理式を論理回路にした図を示す．

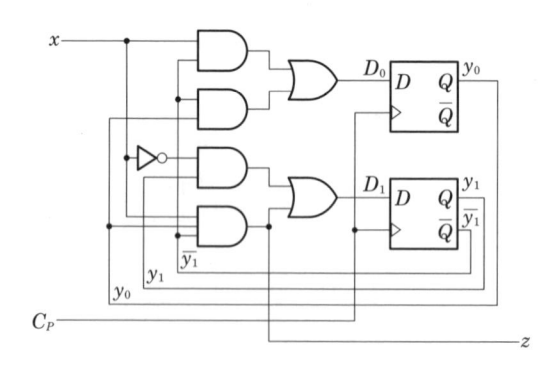

④ 表9.13の状態割り当てを用いたほうが論理回路は簡単化されている．このように，状態割り当てによって求まる論理回路が異なる場合があるので注意すること．

[4] 表9.14の状態遷移表をみると，s_0とs_3は，いずれの入力に対しても遷移先と出力が同じである．したがって，s_0とs_3を統合して新しいs_0'と置き換えることもできる．

状態遷移表

現在の状態	入力 0	1
s_0'	$s_0'/0$	$s_1/0$
s_1	$s_1/0$	$s_2/0$
s_2	$s_2/0$	$s_0'/1$

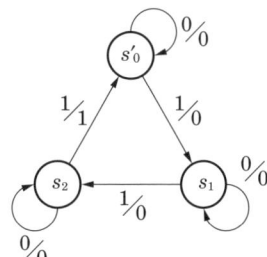

[5] ① 奇数，偶数の2状態を表現できればよいので，1個のFFでよい．

② 状態遷移表

現在の状態	入力 0	1
s_0（偶数）	$s_0/0$	$s_1/1$
s_1（奇数）	$s_1/1$	$s_0/0$

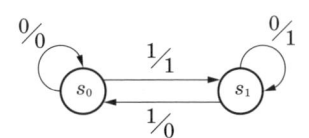

③ 状態割り当て表

状態	y_0
s_0	0
s_1	1

④ 詳しい状態遷移表

現在の状態 y_0	入力 x	次の状態 y_0	D-FFの入力 D_0	出力 Z
s_0 0	0	s_0 0	0	0
s_0 0	1	s_1 1	1	1
s_1 1	0	s_1 1	1	1
s_1 1	1	s_0 0	0	0

$$\left.\begin{array}{l}D_0 = x\overline{y_0} + \overline{x}y_0 \\ Z = x\overline{y_0} + \overline{x}y_0\end{array}\right\}$$

⑤

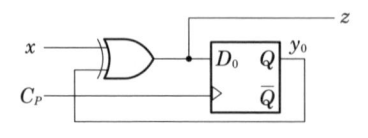

10章

[1] 5個

[2] 2^n進カウンタは n 個のFFを単純にカスケード接続すればよいが，n 進カウンタでは，各FFをリセットするタイミングを考えて回路を設計する必要がある．

[3] 図10.19は，非同期式8進アップ・ダウン切り替えカウンタである．この回路では，選択端子 $S = 1$ でアップカウンタ，$S = 0$ でダウンカウンタとして動作する．

[4]

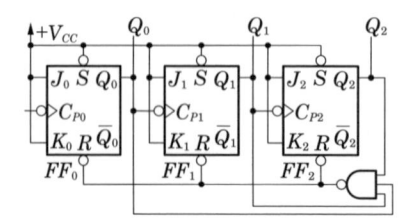

[5] n の値が非常に大きくなると，FFの伝達遅延時間が累積されてしまう．また，リセット信号発生回路に多入力ゲートを使用する必要が生じる．

[6] ① 非同期式6進アップカウンタ

② 6進カウンタの特性表

パルス	Q_2	Q_1	Q_0
0	0	0	0
1	0	0	1
2	0	1	0
3	0	1	1
4	1	0	0
5	1	0	1
6	0	0	0

③ リセットのタイミングによっては，すべてのFFがリセットされない可能性がある（第10章の97ページ参照）．

[7] 長所：同期式ではクロック間で次の動作を待つ場合があるが，非同期式ではその必要がない．

短所：FFなどの伝搬遅延時間が累積していくので，最終出力を得るまでに時間がかかる．ハザードなどによるトラブルの可能性が少なくない．

[8] 伝搬遅延時間の影響で，予測しなかった信号が発生して誤動作を起こすことがある．このような信号をハザードという．同期式回路では，クロックパルス間に，ハザードが隠れれば誤動作を起こすことはない．しかし，非同期式回路では，伝搬遅延時間が大きくなる傾向があるためにハザードの影響を受けやすい（第10章の98ページ参照）．

[9] 回路の動作タイミングのずれで，正しくない状態に遷移してしまうことをクリティカルレースという（第10章の99ページ参照）．

11章

[1] 長所：ハザードなどが生じても，それがクロックパルス間であれば動作に影響しない．リセット端子のないFFを使用して回路を構成できる．

短所：すべてのFFの動作はクロックパルスに同期して行われるので，動作を終えたFFがあっても，次のクロックパルスまでは次の動作を待たなければならない．

[2] ① 第11章の102ページ参照．

② 5入力

③ 2入力のANDゲートを図11.5に示すように順次接続していけばよい．この場合には，各ANDゲートの伝搬遅延時間が累積されていくので，動作のタイミングに注意する必要がある．

[3] ① 4個　② 10個　③ 5個

[4] ① ② どちらの方法を用いた場合でも，各 FF の入力端子の論理式は次のようになる．

$$\left.\begin{array}{l} J_0 = 1 \\ K_0 = 1 \end{array}\right\}$$

$$\left.\begin{array}{l} J_1 = \overline{Q_3}Q_0 \\ K_1 = Q_0 \end{array}\right\}$$

$$\left.\begin{array}{l} J_2 = Q_1 Q_0 \\ K_2 = Q_1 Q_0 \end{array}\right\}$$

$$\left.\begin{array}{l} J_3 = Q_2 Q_1 Q_0 \\ K_3 = Q_0 \end{array}\right\}$$

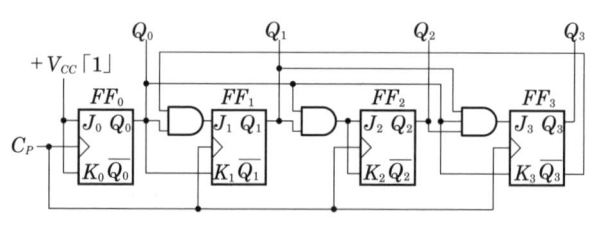

[5] 同期式4進ダウンカウンタ

[6] 正常な遷移状態以外の出力から動作を始めた場合でも，その後の動作で正常な遷移状態に復帰することができる回路である．

12章

[1] τを時定数RC，Tを入力方形波のパルス幅とすると，微分回路では$\tau \ll T$，積分回路では$\tau \gg T$となることが必要．

[2]

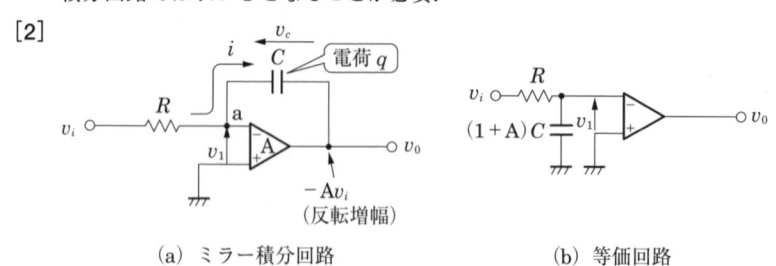

(a) ミラー積分回路　　　(b) 等価回路

図(a)でオペアンプの入力抵抗を∞とすると，電流iはすべてCへ向けて流れる．

$$v_C = v_1 - (-Av_1) = v_1(1+A) \quad \cdots\cdots (12.16)$$

$$i = \frac{dq}{dt} = C\frac{dv_C}{dt} = (1+A)C\frac{dv_1}{dt} \quad \cdots\cdots (12.17)$$

式(12.17)より図(b)の時価回路が得られる．この回路では，Cが等価的に$(1+A)$倍されている（ミラー効果）．

また，図(b)は，RC積分回路の出力に増幅度Aの増幅器を接続した回路とみなすことができる．

図(b)において，式(12.6)に初期値 = 0，定常値 = v_iを代入して次式を得る．

$$v_1 = v_i + \left\{0 - v_i e^{-\frac{t}{(1+A)RC}}\right\}$$
$$= v_i\left\{1 - e^{-\frac{t}{(1+A)RC}}\right\} \quad \cdots\cdots (12.18)$$

また，式(12.19)に式(12.18)を代入すると式(12.20)のようになる．

$$v_0 = -Av_1 \quad \cdots\cdots (12.19)$$

$$v_0 = -Av_i\left\{1 - e^{-\frac{t}{(1+A)RC}}\right\} \quad \cdots\cdots (12.20)$$

式(12.20)を級数展開(式(12.21))し，第2項までとって整理すると式(12.22)になる．

$$e^x = 1 + x + \frac{x^2}{2!} + \frac{x^3}{3!} + \cdots\cdots \quad \cdots\cdots (12.21)$$

ただし$|x| < 1$とする．

$$v_0 = -Av_i\left\{\frac{t}{(1+A)RC} - \frac{t^2}{2(1+A)^2 R^2 C^2} + \cdots\cdots\right\}$$
$$\fallingdotseq -\frac{A}{1+A}v_i\frac{t}{RC}\left\{1 - \frac{t}{2(1+A)RC}\right\} \quad \cdots\cdots (12.22)$$

式(12.22)で，$|A| \gg 1$とすると次式が得られる．

$$v_0 = -v_i\frac{t}{RC}\left(1 - \frac{t}{2ARC}\right) \quad \cdots\cdots (12.23)$$

式(12.23)では，Aが大きくなると右辺のカッコ内の第2項が小さくなり，理想的な積分波形である式(12.24)に近づく．

$$v_0 = -\frac{1}{RC}\int v_i dt \quad \cdots\cdots (12.24)$$

一方，通常の RC 積分回路の式(12.5)を同様に級数展開して，(t/RC ＜ 1)より，やはり第2項までとって整理すると式(12.25)となる．

$$v_C = v_0 = v_i\left(1 - e^{-\frac{t}{RC}}\right) \quad \cdots\cdots\cdots\cdots\cdots\cdots\cdots\cdots\cdots\cdots\cdots\cdots (12.5)$$

$$v_0 \fallingdotseq v_i \frac{t}{RC}\left\{1 - \frac{t}{2RC}\right\} \quad \cdots\cdots\cdots\cdots\cdots\cdots\cdots\cdots\cdots (12.25)$$

　式(12.25)は，t が小さい間は v_0 を直線とみなせるが，t が大きくなると，式(12.24)との誤差が大きくなってしまう．

[3] 非安定型：0，単安定型：1，双安定型：2

[4] 図12.20は非安定マルチバイブレータであるため，式(12.14)より求められる．

$$周期 \fallingdotseq 2.2RC = 2.2 \times 100 \times 10^3 \times 0.003 \times 10^{-6} = 0.66\ \mathrm{mS}$$

[5] 図12.11の点bの波形で，トリガパルスが入力された時間を $t = 0$ とすると，図12.10の R の端子電圧 v_R は初期値 V_H（論理レベル1の電圧）から定常値0へ向けて減少する．これを式(12.6)に代入すると式(12.26)が得られる．

$$v_R = V_H e^{-\frac{t}{RC}} \quad \cdots\cdots\cdots\cdots\cdots\cdots\cdots\cdots\cdots\cdots\cdots\cdots\cdots (12.26)$$

　式(12.26)で，$v_R = V_T$ になるまでの時間が T_1 であることから次式が成立する．

$$V_T = V_H e^{-\frac{T_1}{RC}} \quad \cdots\cdots\cdots\cdots\cdots\cdots\cdots\cdots\cdots\cdots\cdots\cdots (12.27)$$

　式(12.27)を T_1 について解くと式(12.28)となる．

$$T_1 = RC l_n \frac{V_H}{V_T} \quad \cdots\cdots\cdots\cdots\cdots\cdots\cdots\cdots\cdots\cdots\cdots\cdots (12.28)$$

　TTL ICにおいて V_H = 3.5V，V_T = 1.3Vとすると，式(12.29)が得られる（式(12.15)参照）．

$$T_1 \fallingdotseq 0.99RC \quad \cdots\cdots\cdots\cdots\cdots\cdots\cdots\cdots\cdots\cdots\cdots\cdots\cdots (12.29)$$

[6] 3個の三角波入力が3個の方形波出力となり，ノイズの影響を受けていない．

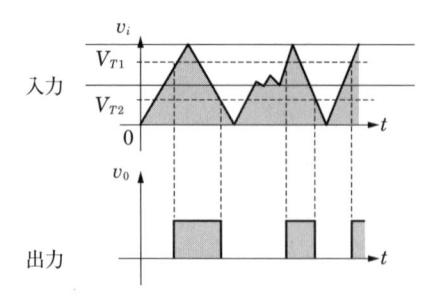

13章

[1] 4ビットのディジタル信号入力をアナログ信号に変換する電流加算方式のD-Aコンバータである．12個のパルスが入力された場合には，$12 = (1100)_2 = (Q_3Q_2Q_1Q_0)$となり，$R_f$に$8 + 4 = 12$ mAが流れる．

[2] $I_o' = 4I_o$．

[3] RCの値を変えたとしても，図に示すようにV_iとVの積分時間には影響しない．

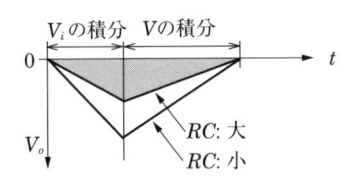

[4] アップカウンタによって，D-Aコンバータへの入力を「0」からカウントアップすると，アナログ入力電圧を超えるディジタル信号を得るまでの時間がアナログ入力電圧によって異なる．つまり，変換時間が一定にならない．

[5] Q_2：$4.6 > 4$ より「1」
Q_1：$4.6 < 6$ より「0」
Q_0：$4.6 < 5$ より「0」となる．

[6] 長所：非常に高速な変換が行える．
短所：多数のコンパレータを使用するため，回路が複雑，消費電力が大きく発熱対策などが必要となる．

[7] 増幅度1の緩衝増幅器として動作している．オペアンプの入力インピーダンスは非常に大きいため，コンデンサCの放電時には放電電流をほとんど流さずにCの端子電圧を取り出すことができる．また，サンプル時間は，入力電圧V_iの変動に対しては十分短く，Cの充電に対しては十分長い時間に設定する．

14章

[1] 図14.3に示したチャタリング除去回路では，電源投入時にコンデンサCに過渡電流（充電電流）が流れる．このとき，NOTの入力端子は「0」である．その後，時間が経過して過渡電流が流れなくなると，NOTの入力端子は「1」になる．つまり，電源投入直後には，NOTの出力端子が「1」→「0」に変化するため，ネガティブエッジ型FFを使用しているシフトレジスタへ有効なク

ロックパルス1個が入力されたことになる．

[2]

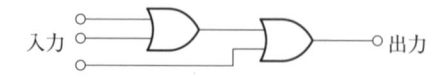

入力 ○──┐
       ├─▷─┐
入力 ○──┘ └─▷─○ 出力
              ┘

[3] ランダムなサイコロの目を発生させる回路においてはチャタリングにより有効なクロックパルスの数が変動してしまったとしても問題はない．

[4] 与えられた真理値表から論理式を求め，カルノー図によって簡単化する．この場合，入力1010～1111の未使用部分（カルノー図の「－」部分）を配慮すると論理式がより簡単になる．

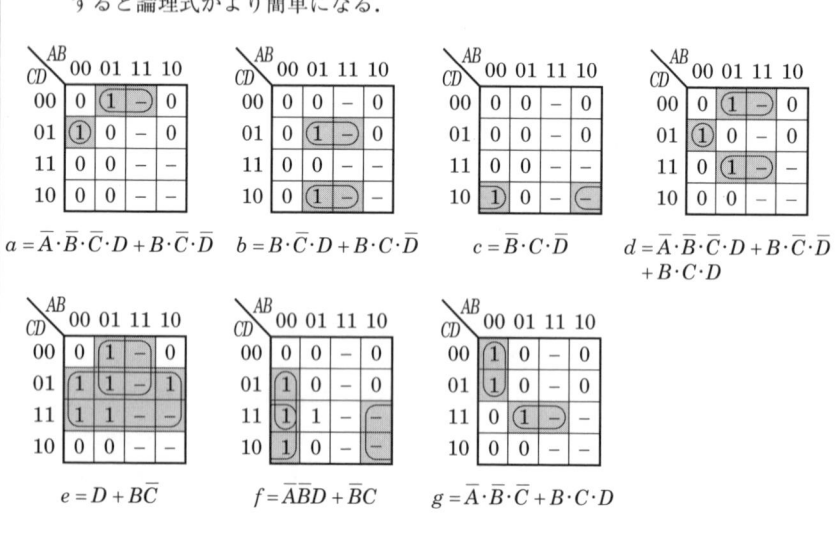

$a = \overline{A} \cdot \overline{B} \cdot \overline{C} \cdot D + B \cdot \overline{C} \cdot \overline{D}$

$b = B \cdot \overline{C} \cdot D + B \cdot C \cdot \overline{D}$

$c = \overline{B} \cdot C \cdot \overline{D}$

$d = \overline{A} \cdot \overline{B} \cdot \overline{C} \cdot D + B \cdot \overline{C} \cdot \overline{D} + B \cdot C \cdot D$

$e = D + B\overline{C}$

$f = \overline{A}\overline{B}D + \overline{B}C$

$g = \overline{A} \cdot \overline{B} \cdot \overline{C} + B \cdot C \cdot D$

簡単化した論理式を次に示す．

$a = \overline{A}\overline{B}CD + B\overline{C}\overline{D}$

$b = B\overline{C}D + BC\overline{D}$

$c = \overline{B}C\overline{D}$

$d = \overline{A}\overline{B}CD + B\overline{C}\overline{D} + BCD$

$e = D + B\overline{C}$

$f = \overline{A}\overline{B}D + \overline{B}C$

$g = \overline{A}\overline{B}\overline{C} + BCD$

簡単化した論理式において，同じ項（例えば，式aの第1項と式dの第1項）があることに注目すれば，回路をより簡単化することができる．

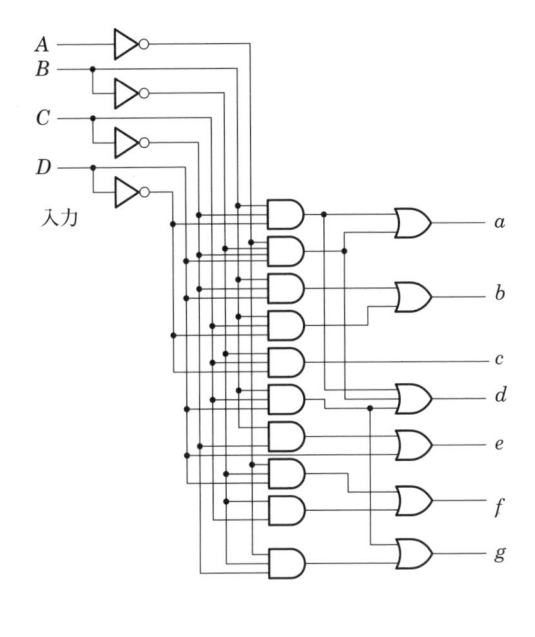

●参考文献

1) 高橋寛：論理回路ノート，コロナ社
2) 角田秀夫：フリップフロップ回路と計数回路の設計，東京電機大学出版局
3) 室賀三郎，笹尾勤：論理設計とスイッチング理論，共立出版
4) 伊原充博，若海弘夫，吉沢昌純：ディジタル回路，コロナ社
5) 浅井秀樹：ディジタル回路演習ノート，コロナ社
6) 富川武彦：例題で学ぶ論理回路設計，森北出版
7) 石坂陽之助：ディジタル回路基本演習，工学図書
8) 柴山潔：論理回路とその設計，近代科学社
9) 稲垣康善：論理回路とオートマトン，オーム社
10) 谷本正幸：電子回路B，オーム社
11) 清水賢資，曽和将容：ディジタル回路の考え方「改訂2版」，オーム社
12) 清水賢資，鴻田五郎：パルス回路の考え方「改訂2版」，オーム社
13) 鈴村宣夫，臼井支朗，岩田彰，堀場勇夫，佐々木次郎：論理回路演習，朝倉書店
14) 当麻喜弘，内藤祥雄，南谷崇：順序機械，岩波書店
15) 尾崎弘，樹下行三：ディジタル代数学，共立出版
16) 本田波雄：オートマトン・言語理論，コロナ社
17) 当麻喜弘：パルス技術入門，丸善
18) 桜庭一郎，熊耳忠：電子回路「第2版」，森北出版
19) 押山保常，相川孝作，辻井重男，久保田一：改訂電子回路，コロナ社
20) 伊東規之：電子回路計算法，日本理工出版会
21) 山本外史：パルスとディジタル回路，理工学社
22) 田村進一：ディジタル回路，昭晃堂
23) 米山寿一：図解A/Dコンバータ入門，オーム社
24) 堀桂太郎：アナログ電子回路の基礎，東京電機大学出版局

索引

■ 英数字

1×mデマルチプレクサ　48
10進数　　1
16進数　　4
1の補数　　6
2重積分方式　　127
2重積分方式A-Dコンバータ
　　　　　　　　126
2進化10進数　　9
2進数　　1
2の補数　　7
3進リングカウンタ　　107
4000シリーズ　　35
74シリーズ　　34
8進ダウンカウンタ　　93

A-Dコンバータ　　126
　2重積分方式——　126
　逐次比較方式——　127
　並列比較方式——　129
AND　　11
　ワイヤード——　40
BCD　　9
BCD to Decimal Decoder　46
Binary　　1
Bit　　1
C-MOS形　　34

D-Aコンバータ　　123
　はしご型——　　124
D-FF　　74
DTL　　33
EX-OR　　17
FA　　52
FF　　61
　D-——　74
　JK-——　71
　RS-——　62
　T-——　76
　セット優先RS-——　66
　リセット優先RS-——　66
FFの変換機能　　77
FS　　57
HA　　51
Hexadecimal　　5
HS　　56
JK-FF　　71
m×1マルチプレクサ　47
MIL記号　　17
NAND　　17
NOT　　11
n進アップカウンタ　92
OR　　11
PAM波　　121
RS-FF　　62
　セット優先——　　66

　リセット優先——　66
T-FF　　76
TTL　　33

■ あ行

アップエッジ　　69

一致回路　　41

エッジトリガ型　　69
エンコーダ　　42

オートマトン　　81
　有限——　82
オープンコレクタ形　39
オープンドレイン形　39
重み　　3

■ か行

解読器　　43
カウンタ　　92
　8進ダウン——　93
　n進アップ——　92
　自己補正型リング—108
　ジョンソン——　108
　ダウン——　93
　非同期式——　92
　非同期式3進——　94

非同期式5進── 96	減算器 56	スライサ 118
リプル── 92	全── 57	スレッショルド電圧 38
リング── 107	半── 56	
加減算回路 59		正クランパ 118
加算器 51	交換の法則 14	正論理 31
全── 52	恒等の法則 14	積分回路 112
ノイマンの全── 55	コンパレータ 41,127	ミラー── 113,126
半── 51		絶対最大定格 36
加重抵抗 124	■ さ 行	セット優先RS-FF 66
カスケード接続 78	算術式 14	遷移 61
加法標準形 22	サンプリング 121	全加算器 52
カルノー図 23	サンプルホールド回路 129	ノイマンの── 55
	閾値電圧 38	全減算器 57
記憶回路 61	自己補正型リングカウンタ	
基数 3	108	双安定型 113
基数変換 3	時定数 112	双安定マルチバイブレータ
きっかけ 76	シフトレジスタ 78	117
吸収の法則 14	縦続接続 78	双対性 14
切り替え 76	主項 28	増幅機能 33
	シュミットトリガ回路 119	
クランパ 118	順序回路 68	■ た 行
正── 118	同期式── 68	タイムチャート 64
負── 118	非同期式── 68	ダウンエッジ 69
クリッパ 117	状態遷移図 83	ダウンカウンタ 93
ピーク── 117	状態遷移表 82	8進── 93
ベース── 117	乗法標準形 22	立上がり時間 37
クリティカルレース 99	ジョンソンカウンタ 108	立下がり時間 37
クロック 69	真理値表 11	単安定型 113
クワイン・マクラスキー法		単安定マルチバイブレータ
27	推奨動作条件 37	116
ゲート 17	スイッチング特性 37	遅延回路 81
結合の法則 14	図記号 17	

逐次比較方式A-Dコンバータ
127
置数器　　55
チャタリング　　67,132
直列加算方式　　55

データ選択回路　　47
デコーダ　　43
デマルチプレクサ　　48
電子サイコロ　　134
伝搬遅延時間　　37
電流加算方式　　123

ド・モルガンの定理　　14
同一の法則　　14
同期式　　101
同期式順序回路　　68
同期セット型　　73
同期リセット型　　73
特性表　　62
特性方程式　　62,105
得点表示回路　　131
トグル　　71,76
トランジスタスイッチ　　32
トリガ　　76

■ な 行

ネガティブエッジ型　　69

ノイマンの全加算器　　55

■ は 行

排他的論理和　　17

バイト　　2
波形整形回路　　117
ハザード　　98
はしご型D-Aコンバータ　124
バッファ　　18
パリティチェック　　50
パルス振幅変調波　　121
半加算器　　51
半減算器　　56
反転　　71

非安定型　　113
非安定マルチバイブレータ
113
ピーククリッパ　　117
比較回路　　41
ヒステリシス特性　　119
ビット　　1
否定論理積　　17
否定論理和　　17
非同期式　　101
非同期式3進カウンタ　　94
非同期式5進カウンタ　　96
非同期式カウンタ　　92
非同期式順序回路　　68
微分回路　　112
標本化　　121
標本化周波数　　122
標本化定理　　122

ファミリ　　34
ファンアウト　　39
ブール代数の諸定理　　14

復元の法則　　14
負クランパ　　118
符号化　　123
符号器　　42
フラッシュコンバータ　　129
フリップフロップ　　61
　RS——　　62
プルアップ抵抗　　39
プルダウン抵抗　　38
負論理　　31
分周　　91
分配の法則　　14

並列加算方式　　55
並列比較方式A-Dコンバータ
129
ベースクリッパ　　117
ベン図　　12

補元の法則　　14
ポジティブエッジ型　　69
補数　　6
　1の——　　6
　2の——　　7

■ ま 行

マスタスレーブ型　　73
マルチバイブレータ　　113
　双安定——　　117
　単安定——　　116
　非安定——　　113
マルチプレクサ　　47

ミーリー型	83	量子化	122	論理式	14
ミラー積分回路	113,126	量子化誤差	123	論理積	11
		リングカウンタ	107	否定――	17
ムーア型	83	自己補正型――	108	論理否定	11,23
				論理レベル	38

■　や 行

		励起表	77,103	論理和	11
有限オートマトン	82	レーシング	79	排他的――	17
		レジスタ	55	否定――	17

■　ら 行

レベルシフトダイオード 33

■　わ 行

リセット優先RS-FF	66	論理演算	11	ワイヤードAND	40
リプルカウンタ	92	論理肯定	23		
リミッタ	118				

【著者紹介】

堀　桂太郎（ほり・けいたろう）
　　学　歴　日本大学大学院　理工学研究科　博士後期課程　情報科学専攻修了
　　　　　　博士（工学）
　　現　在　国立明石工業高等専門学校　電気情報工学科　教授

　　主著書　「アナログ電子回路の基礎」（東京電機大学出版局）
　　　　　　「H8マイコン入門」（東京電機大学出版局）
　　　　　　「図解PICマイコン実習」（森北出版）
　　　　　　「初めて学ぶディジタル回路入門ビギナー教室」
　　　　　　「絵ときディジタル回路入門早わかり」
　　　　　　「初めて学ぶC言語マスターブック」
　　　　　　「初めて学ぶVisual Basic.NET入門早わかり」
　　　　　　「初めて学ぶJava入門早わかり」
　　　　　　「初めて学ぶJavaScript入門早わかり」（以上，オーム社）

ディジタル電子回路の基礎

2003年10月20日　第1版1刷発行　　　ISBN 978-4-501-32300-4 C3055
2020年 2月20日　第1版13刷発行

著　者　堀　桂太郎
　　　　© Hori Keitaro 2003

発行所　学校法人 東京電機大学　〒120-8855　東京都足立区千住旭町5番
　　　　東京電機大学出版局　　　Tel. 03-5284-5386（営業）03-5284-5385（編集）
　　　　　　　　　　　　　　　　Fax. 03-5284-5387　振替口座 00160-5-71715
　　　　　　　　　　　　　　　　https://www.tdupress.jp/

[JCOPY] <（社）出版者著作権管理機構 委託出版物>
本書の全部または一部を無断で複写複製（コピーおよび電子化を含む）することは，著作権法上での例外を除いて禁じられています。本書からの複製を希望される場合は，そのつど事前に，（社）出版者著作権管理機構の許諾を得てください。
また，本書を代行業者等の第三者に依頼してスキャンやデジタル化をすることはたとえ個人や家庭内での利用であっても，いっさい認められておりません。
［連絡先］Tel. 03-5244-5088，Fax. 03-5244-5089，E-mail: info@jcopy.or.jp

印刷：三立工芸(株)　　製本：渡辺製本(株)　　装丁：高橋壮一
落丁・乱丁本はお取り替えいたします。　　　　　　Printed in Japan

電気工学図書

詳解付
電気基礎　上
直流回路・電気磁気・基本交流回路
川島純一／斎藤広吉　共著　　A5判　368頁

本書は、電気を基礎から初めて学ぶ人のために、理解しやすく、学びやすいことを重点においで編集。豊富な例題と詳しい解答。

詳解付
電気基礎　下
交流回路・基本電気計測
津村栄一／宮崎登／菊池諒　共著　A5判　322頁

上・下巻を通して学ぶことにより、電気の知識が身につく。各章には、例題や問、演習問題が多数入れてあり、詳しい解答も付けてある。

電気設備技術基準　審査基準・解釈
東京電機大学 編　　B6判　458頁
電気設備技術基準およびその解釈を読みやすく編集。関連する電気事業法・電気工事士法・電気工事業法を併載し、現場技術者および電気を学ぶ学生にわかりやすいと評判。

4訂版
電気法規と電気施設管理
竹野正二 著　　A5判　352頁
大学生から高校までが理解できるように平易に解説。電気施設管理については、高専や短大の学生および第2～3種電験受験者が習得しておかなければならない基本的な事項をまとめてある。

基礎テキスト
電気理論
間邊幸三郎 著　　B5判　224頁

電気の基礎である電磁気について、電界・電位・静電容量・磁気・電流から電磁誘導までを、例題や練習問題を多く取り入れやさしく解説。

基礎テキスト
回路理論
間邊幸三郎 著　　B5判　274頁

直流回路・交流回路の基礎から三相回路・過渡現象までを平易に解説。難解な数式の展開をさけ、内容の理解に重点を置いた。

基礎テキスト
電気・電子計測
三好正二 著　　B5判　256頁

初級技術者や高専・大学・電験受験者のテキストとして、基礎理論から実務に役立つ応用計測技術までを解説。

基礎テキスト
発送配電・材料
前田隆文／吉野利広／田中政直　共著　B5判　296頁

発電・変電・送電・配電等の電力部門および電気材料部門を、基礎に重点をおきながら、最新の内容を取り入れてまとめた。

基礎テキスト
電気応用と情報技術
前田隆文 著　　B5判　192頁

照明、電熱、電動力応用、電気加工、電気化学、自動制御、メカトロニクス、情報処理、情報伝送について、広範囲にわたり基礎理論を詳しく解説。

理工学講座
基礎 電気・電子工学　第2版
宮入庄太／磯部直吉／前田明志 監修　A5判　306頁

電気・電子技術全般を理解できるように執筆・編集してあり、大学理工学部の基礎課程のテキストに最適である。2色刷。

＊定価、図書目録のお問い合わせ・ご要望は出版局までお願いいたします。
URL　http://www.dendai.ac.jp/press/

EA-002

MPU関連図書

PICアセンブラ入門
浅川毅 著　　A5判　184頁

マイコンとPIC16F84／マイコンでのデータの扱い／アセンブラ言語／基本プログラムの作成／応用プログラムの作成／マイクロマウスのプログラム

H8アセンブラ入門
浅川毅・堀桂太郎 共著　　A5判　224頁

マイコンとH8/300Hシリーズ／マイコンでのデータの扱い／アセンブラ言語／基本プログラムの作成／応用プログラムの作成／プログラム開発ソフトの利用

H8マイコン入門
堀桂太郎 著　　A5判　208頁

マイコン制御の基礎／H8マイコンとは／マイコンでのデータ表現／H8/3048Fマイコンの基礎／アセンブラ言語による実習／C言語による実習／H8命令セット一覧／マイコンなどの入手先

H8ビギナーズガイド
白土義男 著　　B5変判　248頁

D/AとA/Dの同時変換／ITUの同期/PWMモードでノンオーバラップ3相パルスの生成／SCIによるシリアルデータ送信／DMACで4相パルス生成／サイン波と三角波の生成

たのしくできる PIC電子工作　－CD-ROM付－
後閑哲也 著　　A5判　202頁

PICって？／PICの使い方／まず動かしてみよう／電子ルーレットゲーム／光線銃による早撃ちゲーム／超音波距離計／リモコン月面走行車／周波数カウンタ／入出力ピンの使い方

Cによる PIC活用ブック
高田直人 著　　B5判　344頁

マイコンの基礎知識／Cコンパイラ／プログラム開発環境の準備／実験用マイコンボードの製作／C言語によるPICプログラミングの基礎／PICマイコン制御の基礎演習／PICマイコンの応用事例

たのしくできる C&PIC制御実験
鈴木美朗志 著　　A5判　208頁

ステッピングモータの制御／センサ回路を利用した実用装置／単相誘導モータの制御／ベルトコンベヤの制御／割込み実験／7セグメントLEDの点灯制御／自走三輪車／CコンパイラとPICライタ

たのしくできる PICプログラミングと制御実験
鈴木美朗志 著　　A5判　244頁

DCモータの制御／単相誘導モータの制御／ステッピングモータの制御／センサ回路を利用した実用回路／7セグメントLED点灯制御／割込み実験／MPLABとPICライタ／ポケコンによるPIC制御

図解 Z80マイコン応用システム入門　ソフト編　第2版
柏谷・佐野・中村 共著　　A5判　258頁

マイコンとは／マイコンおけるデータ表現／マイコンの基本構成と動作／Z80MPUの概要／Z80のアセンブラ／Z80の命令／プログラム開発／プログラム開発手順／Z80命令一覧表

図解 Z80マイコン応用システム入門　ハード編　第2版
柏谷・佐野・中村・若島 共著　　A5判　276頁

Z80MPU／MPU周辺回路の設計／メモリ／I/Oインタフェース／パラレルデータ転送／シリアルデータ転送／割込み／マイコン応用システム／システム開発

＊定価，図書目録のお問い合わせ・ご要望は出版局までお願いいたします。
URL　http://www.dendai.ac.jp/press/

MP-002

「学生のための」シリーズ

学生のための IT入門

若山芳三郎 著　B5判　160頁

パソコンの基礎から，Wordによる文書作成，Excelによる表計算，PowerPointによるプレゼンテーション，インターネット・電子メールまで，パソコン操作で必要となる項目をすべて網羅。

学生のための インターネット

金子伸一 著　B5判　128頁

初学者を対象に，インターネットの概要と，情報発信の一つとしてホームページ作成の基礎が習得できるように解説。

学生のための 情報リテラシー

若山芳三郎 著　B5判　196頁

一般に広く使われているWord，Excel，Access，PowerPoint等を取り上げ，基本的な使い方をコンパクトにまとめた。情報教育のテキスト・副教材として執筆。

学生のための Word&Excel

若山芳三郎 著　B5判　168頁

本書は大学などのテキストとして，また初心者の独習書として，必要な項目を精選し，例題形式で解説した。

学生のための Word

若山芳三郎 著　B5判　124頁

大学・専門学校などの情報・OA教育のテキストや，初心者の独習書として最適。

学生のための Excel

若山芳三郎 著　B5判　168頁

大学・専門学校などの情報・OA教育のテキストや，初心者の独習書として最適。

学生のための Access

若山芳三郎 著　B5判　128頁

Accessの基本操作からテーブルの作成，クエリ，フォーム，レポートの作成，マクロまで幅広く網羅し，重要項目を精選して解説。

学生のための VisualBasic

若山芳三郎 著　B5判　160頁

本書は，簡単なWindwsソフトの作成を楽しみながら例題演習形式でプログラムの学習を行うことができ，アプリケーションソフトの理解と活用に役立つ。

学生のための 入門Java
JBuilderではじめるプログラミング

中村隆一 著　B5判　168頁

フリーで配布されているJBuilder 6 Personalを用い，初心者のためにプログラミングの基礎を解説。アプレットの作成を中心に，基本的なプログラミングを学ぶ。

学生のための 上達Java
JBuilderで学ぶGUIプログラミング

長谷川洋介 著　B5判　226頁

前半ではグラフティックを描くアプレットの作成，後半はJBuilderに標準装備されているSwingコンポーネントを用いたGUI画面の設計を通して，プログラミングを学ぶ

＊定価，図書目録のお問い合わせ・ご要望は出版局までお願いいたします。
URL http://www.dendai.ac.jp/press/

SR-501